［美］**海登·芬奇**（Hayden Finch）—— 著

张紫钰 —— 译

拖延心理学

中国友谊出版公司

图书在版编目（CIP）数据

拖延心理学 / （美）海登·芬奇著；张紫钰译 . ——
北京：中国友谊出版公司，2024.2
ISBN 978-7-5057-5797-4

Ⅰ.①拖… Ⅱ.①海… ②张… Ⅲ.①成功心理
Ⅳ.① B848.4

中国国家版本馆 CIP 数据核字（2023）第 247556 号

著作权合同登记号　图字：01-2024-1744

Copyright © 2021 by Rockridge Press, Emeryville, California
First Published in English by Rockridge Press, an imprint of Callisto Media, Inc.

书名	拖延心理学
作者	［美］海登·芬奇
译者	张紫钰
出版	中国友谊出版公司
发行	中国友谊出版公司
经销	新华书店
印刷	天津中印联印务有限公司
规格	880 毫米 ×1230 毫米　32 开
	6 印张　108 千字
版次	2024 年 2 月第 1 版
印次	2024 年 2 月第 1 次印刷
书号	ISBN 978-7-5057-5797-4
定价	42.00 元
地址	北京市朝阳区西坝河南里 17 号楼
邮编	100028
电话	（010）64678009

前　言

　　你可能已经被拖延行为困扰许多个年头了。也许从记事起，你就为在任务截止日期前实现目标而苦苦挣扎着。为了克服拖延症，你尝试了很多方法，但都没有什么效果。有时候，你会疑惑——是否真如别人所说，问题的根源就是自己的自制力不够或很懒惰？其实，你打心底里知道，拖延行为一定不仅是因为你不够努力才出现。

　　事实上，拖延行为并非与懒惰或自控力有关，它远比这些因素要复杂得多。甚至它太过于复杂了，以至于一代又一代的医学家及心理学家耗费了超过 200 年的时间来研究它。直到 20 世纪 50 年代，对于拖延行为的研究才开始有所起色。近 10 年来，拖延行为的研究成果激增并有了重大突破，使我们能够进一步了解它的运作原理。现如今，我们已经明白，人并不能只靠意志力克服拖延症，而且，仅聚焦于"把事情做完"并不能让自己的行为得到持续性的改善。事情的真相是，许多心理因素引发了拖延行为，而理解这些心理因素便是解决问题的关键。

这便是本书的用武之地。我将带领大家一起深入探索拖延症背后的心理学知识。在第一部分，我们将学习拖延行为到底是什么，它是如何运作的，以及为什么拖延行为难以被抑制。我们还会了解拖延行为如何与普遍的心理健康问题产生关联，这些普遍的心理健康问题包括抑郁症、多动症、完美主义以及冒名顶替综合征等。在第二部分中，我们将学习如何将心理学知识转化为可持续的行为改变。我们将会应用以心理学知识为基础的技巧，从源头找到引发拖延行为的心理因素，并将这些技巧应用于一些具体的问题，比如如何获得动力、如何持续推进并有始有终地完成任务。在探索过程中，我们还将深化自己对于大脑的了解，以便你可以与其一同工作，而非与之对抗。

因为我们即将一起踏上旅程，所以我应该先介绍一下自己。我是海登·芬奇博士，一名执业临床心理学家。我运用基于临床研究的策略帮助人们掌握自己的精神健康状态。在杜克大学攻读心理学和神经科学学士学位时，我就对心理学产生了浓厚的兴趣。

那时候，我在一个记忆研究实验室工作，同时也在州立精神病院当志愿者。最终，我通过研究"精神世界是如何运作并影响我们的日常生活"获得了心理学博士学位。

如今，我开设了一个心理诊所，在实践中应用所学知识，帮助人们跨越那些影响他们心理健康的障碍。我已经为上百名咨询者做过诊断——他们中有的人被确诊为焦虑症，有的人被确诊为精神分裂症。所有人都或多或少地被完美主义以及其引发的拖延行为困扰着。你将会在本书中读到这些咨询者的故事，为了保护他们的隐私，书中出现的所有人名均为化名。我从他们的亲身经历中发现，拖延行为在表面上看起来无害，却往往会带来严重的后果。在一些较为极端的案例中，拖延行为最终会导致夫妻离婚、公司破产以及给患者带来严重的健康问题。但是，这些悲惨的结局并非不可以避免，本书会帮助你养成健康、持久的行为习惯。

我将在书中教会你如何控制想要拖延的欲望，真正地做出改变，而你需要保证自己不会半途而废，会把这本书完完整整地读完。在翻开一本书后，拖延者从不真正地看完它，其中的部分原因是他们会忘记自己起初翻开书的目的。但我知道，此刻正在阅读本书的你，是真心想要做出持续性的改变，所以让我们在最开始就养成好习惯。为了帮助自己从此刻开始克服拖延行为，请你花一点时间，写下你想看完这本书的 3 个理由。

具体操作：拿出一小张纸，写下你想要看完这本书的 3 个理由，将这个"迷你理由清单"作为你的书签；或者干脆写在一张便利贴上，并将它贴在一个显眼的地方。

但仅停留在阅读本书还不足以克服拖延——真正行动起来才是重中之重。你一定能做到。

目 录

CONTENTS

■ · · · · 第一部分 · · · · ▶

拖延与心理学

在本书的第一部分，我们将深入探究拖延行为中暗藏的心理学知识。我们都知道拖延行为弊大于利，却仍然在不断拖延的过程中苦苦挣扎着，且不知为何自己在面对大多数事情时，总是会选择拖延。在这个部分中，你将学习到我们为什么会被困在看似走不出去的循环里，以及形成重复性问题行为模式的心理因素。同时，我们还将一起发现那些隐晦的拖延行为模式，这些行为模式往往会引发一些我们未曾意识到的问题。随后，我们将共同回答那些亟待解答的问题，比如：我们为什么会产生拖延行为？什么时候拖延会变成一个真正需要被解决的问题？哪类人群更容易受拖延行为模式的影响？

第一章

拖延行为：
抓捕偷走时间的"贼"

意识到拖延行为的存在就是做出改变的第一步。在我们能够停止或者扭转拖延行为之前，我们必须在拖延行为将要发生的一刹那捕捉到它。有时候，拖延行为很狡猾——我们很可能意识不到自己正在拖着一些事情不做，也很可能用"看起来不像是在拖延"的方式使事情迟迟得不到推进。这就是为什么透彻地理解拖延行为到底是什么、明白什么样的行为代表了自己在拖延，以及了解拖延行为在日常生活中的表现形式至关重要。获得上述知识有助于我们早早地察觉到自己正受拖延症困扰，就像医生们常说的那样："早发现，早治疗。"

无处不在的拖延行为，无时不钻的时间空子

procrastinate（拖延）一词由拉丁语 pro（支持）以及 cratinus（明天的）组合而成。概括地说，拖延意味着你明明知道这样做会使情况变得更糟，但仍旧选择推后处理事务或迟迟不做抉择。值得注意的是，这意味着你在把那些你原本计划好要做的事情往后推。在某时某刻，你可能同时做着很多件事情，但只有当你没有具体处置某件事或犹豫不决时，才会被视作拖延。比如，当你计划好要粉刷房屋却没有执行计划，这种行为便会被定义为拖延行为；如果你不住在这幢房子里，或是你的房子并不需要被粉刷，那么，你不去粉刷房屋的行为就不会被定义为拖延行为。

通常，比起对我们来说有价值的事情，我们会更倾向于拖延那些在我们看来价值较低的事情。比如，如果你很在意个人着装，

你就不容易在买新衣服这件事情上拖延。但是，如果你是一个节俭的人，你就很可能会拖着不去买新衣服，然后一直穿着同一条牛仔裤，直到它磨坏了为止。这两种行为在本质上没有对错之分，是个人价值观引导着我们决定要推后做哪件事情。

"拖延"在我们的生活中无处不在。最明显的拖延行为可能表现为延后开始或完成老师布置的作业或领导布置的任务，实际上，拖延行为远远不止这些。我们还会拖着不打电话、不填表格、不去研究或学习，或不去寻求帮助。工作或学习之余，我们还会拖着不做家务、不维修家电或水管、不买日用品，或不跑腿。我们还会拖延处理和钱有关的事情，例如拖着不支付信用卡账单、不做日常开支预算、不处理融资贷款、不及时偿还贷款，或不按时报税。在社交方面我们也会拖延，例如拖着不见朋友、不和长辈打电话，或不回朋友们发来的信息。我们甚至还会在私人事务上拖延，例如从不真正地去预约一次心理治疗、不去读很早之前就想读的书，或不去发展自己的爱好。在健康方面的拖延也许是生活中最难以被发现的，我们找各种理由拖着不预约体检、不立刻养成一种更健康的饮食习惯或养生习惯、不戒烟或不戒酒。只要有活动、事务、行为或抉择存在，就有拖延可以"钻"的空子。

明知不可为而为之

拖延不仅是将任务延后处理或晚点儿再做决定那么简单，它还意味着我们虽然没有正当的理由但仍然选择拖拉。有时候，我们可能只是忘记了自己本来应该做什么；有时候，我们只是单纯地推迟处理手头上的事情，却并未考虑它会在未来给我们造成什么样的影响；但更多的时候，我们明知道拖延行为会使我们付出怎样的代价——感受到额外的压力、工作质量降低，或内心无法平静——却仍旧拖着不去完成本该完成的事情。这就好比你明明有一个完全空闲的周六，却把时间全部花在了看电视剧上，而不是在你朋友来你家做客之前，利用好这段休息时间把房子打扫干净。几乎所有人都做过类似的事，这种事情听上去似乎有些不可理喻，但这就是人类的本性。

拖延者往往都知道自己想要做什么或者应当做什么，而且有能力去做，甚至还在某种程度上不断努力着要去做那些事。但是，与他们的想法不同的是，他们始终没有真正地开始做那些事情。即使他们迫切地想要完成某件事，也会选择什么都不做。这就是为什么明明"晚上按时上床睡觉，清晨就可以早早地起床"听起来是很棒的计划，你的大脑却偏偏觉得不照计划做才是更好的决定。

消极拖延与积极拖延

不是所有的拖延行为都一模一样。我们可以将拖延行为大体上分为两种：消极拖延和积极拖延。

"消极拖延"大概就是当你听见"拖延"一词时脑海中会浮现的画面：你明明已经打算好了要开始做某件事情，却只是不停地把做这件事的时间往后推迟。如果你发觉自己总是重复且真诚地认为"我只要做完了其他事情，就会立刻开始做这件事"，那么你很可能陷入了消极拖延中。

消极拖延者经常逃避关注截止日期和做决定，甚至他们在做出决定以后，还不断地逃避采取行动或推迟采取行动的时间。他们往往不是故意拖拉，但是时间却悄悄地从他们手中溜走了。消极拖延者计划去检查一下自己脸上不知道是雀斑还是黑色素瘤的小东西，但从未抽时间挂号；或者他们一直想着要打电话祝妈妈生日快乐，然而妈妈的生日早在 3 个月前就过完了。

通常情况下，这种拖延行为会在消极拖延者确定自己错过了截止日期或失去了本该把握的机会后给他们带来罪恶感。这种罪恶感与一系列负面后果息息相关，例如降低心理健康水平、妨碍个人成长、危害人际关系。

"积极拖延"则更加"肆意妄为"。这是一种当你觉得自己"压力越大，动力越大"时，有意做出的拖延行为。

积极拖延者故意地、有目的地推后行动或做决策的时间，他们相信时间带来的压力会提高自身的能力。比如你每次都尝试说服自己："如果迎着最后期限带来的压力而上，直到截止前的第11个小时到来时才开始工作，加上咖啡因、缺少睡眠、恐慌带来的刺激，我将会写出有史以来最出色的作品。"

　　更妙的是，这种想象有时候真的会实现！积极拖延者往往能够在最后一刻集自身精力、创造力、动力于一体，创造出精彩绝伦的作品。但是，他们也知道绝对会有不尽如人意的时候，自己也会有沦为拖延行为的受害者的一天。研究表明，积极拖延行为不像消极拖延行为一样有害，但这并不意味着它是值得推崇的。

被拖延行为困扰的"你我他"

　　将人们分为"消极拖延者"和"积极拖延者"会掩盖这样一个事实：现实中，人们都有不同程度的拖延。大部人都不会在每年的1月1日就缴完税，不会在还没离开宠物沙龙的时候就为狗狗预约好下一次做美容的时间，也不会一看到墙上的污渍就立刻把它擦掉。

　　由于我们每天的时间和精力有限，每个人都会被迫推迟处理一些事务。但是，正如拖延症研究者约瑟夫·法拉利博士所说："每个人都会拖延，但是并非人人都是拖延症患者。"有拖延行为的人和一名真正的拖延者的区别在于拖延的习惯有多严重，以及拖延行为在多大程度上影响了这个人的生活。综上所述，拖延行为的程度有一个从轻到重的范围：从"单一地、随机地出现"到"慢性、难以根除，且影响了正常生活中的方方面面"。所有人拖延行为的程度都位列于这个范围的某一处。

偷换任务的"一把好手"

我们在辨别拖延行为的过程中会遇到一个棘手的问题：我们在拖拖拉拉的时候，同时还做着其他事情。把某些事情推脱掉以后，我们并非坐在那里无所事事。我们是偷换任务的好手，在该做那些我们想拖延的事情的时间段内，改做其他的也很重要但并非至关重要的事情。当我们在完成那些"重要"的事情时，我们将轻易地被自己说服："我并没有在拖延——我只是太忙了！"

你听说过"拖延式烘焙"吗？即为了推后完成手头上要紧的任务而烘焙一些完全用不上的点心。举一反三，类似的活动还有拖延式做饭（通过做饭将要紧事延后做）、拖延式溜冰（通过溜冰将要紧事延后做）、拖延式钓鱼（通过钓鱼将要紧事延后做）、拖延式跑步（通过跑步将要紧事延后做）、拖延式约会（通过约会将要紧事延后做）。我们可以用任何事情来掩盖拖延行为本身，因为拖延的本质就是延后做一件事情，然后用处理另一件没有那么要紧的事情来填补空档。

　　通过不停地做其他的事情，我们得以说服自己："我其实也正朝着某个目标前进，我的拖延症状并没有很严重。"我们能够"踏实"地回顾这一天，想到自己完成的很多任务，感到很满足。但是，当我们对这种满足感产生怀疑时，就会发现自己已经在通过"优先处理不紧急的事件"或"纠结于不重要的细节"来拖延时间了。如上所述，可能你的的确确已经开始做一个复杂的项目了，但是你不是在做了简略的计划以后就开始按照大纲实施，而是执着于"做计划"：写下长长的计划表，誊抄计划，给计划表上色，把那些你已经做完了的琐碎事项写上去再划掉，为了让计划表看起来更特别，又装饰上好看的贴纸，接着把计划表用花体字再抄写一遍，最后发朋友圈炫耀你那精美的"作品"。是的，你确实在做那个非做不可的大项目，但是你却做了很多使落实计划的时间延后的事情而非正事。

与行为习惯融为一体的"麻烦精"

我们时常通过一些好玩的活动来拖延时间，所以拖延的过程有时格外有意思。然而现实是，拖延行为会带来非常严重的后果。

塔莉亚，一名杰出而努力的医学预科生。她需要参加一场医学院入学考试，以便能够在秋天的时候申请前往医学院就读。可她很恐惧，因为这场考试决定了她接下来的人生。所以，她并没有复习入学考试的知识点，而是用努力学习其他科目和参加社团活动来拖延复习。表面上看，她一点都不像在拖延开始复习的时间。然而，为了能够晚一点再复习这场至关重要的考试，她一直拖着不去预约入学考试的场次。最终，因为她注册的时间太晚，暑期的考位早已被其他申请人抢占，导致她入读医学院的时间被迫推迟了整整一年，而她只好和父母住在一起并在书店打工挣钱。

拖延会在引起自我批判和情绪困扰时成为需要被处理的问题。在塔莉亚的例子中，拖延使她的内心产生了愧疚，并且让她觉得使自己陷入那样的境地是一件"很蠢"的事。拖延还会在引发实质性的不良后果时变得棘手，比如塔莉亚错失了与同学一起升入医学院的机会。但是，拖延并非在完全毁掉一个人的人生以后才被视作大麻烦。它还会在变成行为习惯的一部分以后，频繁地对拖延者做出一些小惩罚，比如使拖延者总是错失良机或者产生其他随着时间累积才会显现的问题。

当慢性拖延渗入生活

尽管几乎所有人都会在某时某刻拖延时间、刻意不去做某事，但是有 20% 的人长期受拖延行为模式的影响。这样的情况在大学校园里更为显著：70% ~ 95% 的大学生觉得自己是拖延者，且其中有超过半数的大学生觉得拖延是个重大问题。这个结果不仅因为有很多人在拖延，还因为拖延行为耗费了他们太多时间，学生们坦言：自己在一天中常耗费超过 1/3 的时间在拖拉上。甚至超过 95% 的拖延者意识到拖延是个不好的习惯，并且希望自己能够改掉这种坏习惯。

研究表明，学生并不会因为自己不会学习、不会规划任务或不会管理时间而选择拖延。同理，职场中的成年人也是如此。人是因多种心理因素之间复杂的交互作用而做出了拖延行为。这些心理因素包括：在所处的环境中，我们的大脑收集、处理信息的方式；与拖延和失败有关的过往经历；当拖延成为备选时，我们做出的抉择；当我们忙于尝试攻克困难任务时，我们的所思所想。除此之外，拖延行为模式在某种程度上也会被遗传。综上所述，拖延并非可以单纯用"懒惰"或"不努力"来定义的，它是一个心理问题，所以我们可以用心理学知识来攻克它。

△▲△

拖延对你来说是个大问题吗？

如果人人都有不同程度的拖延行为，那么怎样判断拖延行为对你来说是不是个要紧的问题呢？以下列出了一些从几个常用的测试问卷中摘录的问题，你可以试着自我检测一下。

1. 明确知道某些事情很重要并且应该尽早处理时，你是否仍旧会把这些事情往后推？

2. 你是否曾因为把事情推到最后一刻才解决，而造成了经济损失？比如迟交罚款等。

3. 你是否倾向于在被迫做出决定的时候，才会下定决心处理一些事？

4. 你的朋友和家人是否常常因为你无法兑现诺言而感到生气?

5. 你是否常常在最后一刻才完成很重要的工作?

6. 你是否会因为把事情推后得太久而感受到额外的心理压力?

7. 你是否会耽搁明明可以快速完成的简单任务?

8. 你是否曾因为没时间把事情完成而面对新的麻烦?

9. 当某件事的截止日期临近,你是否会把时间浪费在做其他事情上?

10. 如果你可以早点开始做一些事情,你的生活是否会变得更好?

如果你在 4 个以上的问题中都回答"是的",那么你需要关注自己的拖延行为发展到什么程度了。但是,要判断自己的拖延行为模式是否正常,并非仅分析拖延行为的频次和日常习惯拖延的事务类别这么简单。决定其是否正常的因素是拖延给你的生活带来了多少麻烦。如果你在双数项问题上回答了超过一个肯定答案,那么你需要意识到拖延对你而言已经不是一个无关痛痒的习惯或简单的日常行为了——拖延对你来说是有害的,因为它已经对你的经济、人际关系、机遇以及心理健康造成了负面影响。

道德品行缺失 vs 复杂心理机制

在超过 2500 年的时间里，人们已经围绕拖延症写下了无数的文字。然而，直到现今我们仍未得到关于拖延症的成因以及解决方式的清晰指南。相较于其他科学领域，心理学领域还很年轻，直到 20 世纪 80 年代，关于拖延症的心理实验研究才被拓展。其中，近 2/3 的实验研究成果在近 10 年间才如春笋般冒出头来。在这 10 多年里，心理学家们开发了许多衡量拖延行为的问卷等研究工具，探究着拖延症与人格特征及心理健康状况之间的关系，探索着与拖延行为相关的大脑区域，并观察其他动物群体是否也有拖延行为。在实验过程中，研究者还不断问出那些令人好奇的问题，如："人们到底为了什么非要拖着，不按时睡觉呢？"

百年间，人们错误地将拖延行为看作一种道德品行缺失的表现。然而，科学家已经证明了拖延行为模式是一种复杂且可被控制的心理机制。几乎每一位咨询者在走进我的心理诊所时，都在不同程度上被各式各样的拖延行为纠缠着。他们中的大部分人都是在拖延了好几个月甚至数年的时间后，才主动预约了第一次心理治疗。其中还有许多人在治疗的过程中持续地拖延着，他们拖延回答我提出的关键问题，更有甚者会拖着不完成约定好的治疗功课。可以说，在每一种心理健康问题中都会出现拖延的症状。它会出现在抑郁症里——他们不肯起床或不愿意外出见朋友；也会出现在焦虑症里——他们在反复确认自己做了一个正确的决定以后才会真的下定决心实施计划；多动症更是拖延行为频繁出现的"重灾区"。

在接下来的几个章节中，我们将从深入探索拖延行为的来龙去脉开始学习。在了解拖延行为诞生的根源后，我们将着手制订克服拖延的计划。

第二章

拖延循环：
为何我们难以逃出拖延的迷宫

你应该已经初步了解了什么是拖延以及拖延行为在日常生活中以怎样的形式呈现。现在，是时候进一步探究自己难以摆脱拖延的原因了。在拖延时，我们实际上陷入了一个层层递进甚至螺旋式增强的循环里。拖一天变成了拖一周，再进化成拖一个月，不知不觉中，你已经在自己的人生中拖延了好多年。从这种行为循环中解脱出来的关键一步是理解拖延的运作方式。

分步拆解拖延行为复合产物

如同许多和心理学有关的原理一样，拖延行为也是诸多因素混杂的结果。时间管理或自我管理这类技能的缺失与拖延行为的产生有关，但不是造成拖延的确切原因。总的来说，拖延是一个复合产物，由大脑处理信息的方式、主体的情感体验、主体的时间观念以及主体的思考方式混合而成。你越是了解自己产生拖延的原因，越是能够为攻克它做足准备。知己知彼，方能百战不殆。

破解"双曲贴现效应"

当谈论起拖延的时候，我们常常把它当作一种没有动力的表现，如"我感觉我今天提不起劲来运动""我不是很想拖地"或"我现在没有灵感，不想写论文"。但是，拖延者有时候也会感到动力满满——截止时间离得越近，他们越是有动力干活。这种趋势可以被概括为一个心理学原理——"双曲贴现效应"。之所以会产生这样的行为，是因为人们倾向于关注眼前利益或当下的事务，还因为他们延迟满足的能力普遍薄弱。因为偏爱即刻的回报与享乐，拖延者常常用让自己更舒适的任务开启新的一天，而不常拖延的人则会选择优先完成困难的任务。

拖延者还难以承受挫折，在面对困难的时候，他们往往想要放弃。这是因为他们缺乏一种自信，这种自信能够让人顽强地抵抗分心，从而顺利解决问题并实现目标。自信的缺失是保持自制力和动力的巨大阻碍，同时也是造成惯性拖延的因素之一。

拖延行为还与我们的自我监督能力有关。我们用这种能力来监测自己是否在一心一意地实现目标。每当你发觉自己还没走出超市就吃了整整一包饼干的时候，自我监督功能就拉响了警报。同理，每当你意识到自己已经花了 3 个小时打游戏而不是做本来决定要做的家务时，自我监督的警铃也在丁零作响。你会发现，你想要去做的事情和你最终做的事总有差异。我们总有无法好好监测自己的行为轨迹的时候，拖延者就经常在自我监督能力薄弱时挣扎。没有自我监督的能力，拖延行为将在光天化日之下"隐身"。

拖延不是治愈负面情绪的"良方"

　　拖延者倾向于选择推后完成繁重的任务，一部分是因为他们陷在决定开始干活时出现的负面情绪里，比如迟疑不决、无精打采、心浮气躁。当负面情绪席卷而来，拖延者往往更在意此时自己内心的感觉，而非考虑拖延过后会有的感受，甚至忘记自己已经定好的长期目标。而且，相比起大部分人来说，存在习惯性拖延行为的人更加厌恶完成计划好的任务，这可能是因为他们比不拖延的人更容易感到无聊和厌倦。对任务本身的反感使开始任务带来的负面情绪更加严重，促使拖延行为变成逃避负面感受的"良方"。

　　索菲亚是一名需要通过完成繁重的写作任务从而顺利提交毕业论文的博士生。沉重的写作任务带给她相当大的压力，所以她理所当然地选择了逃避——用种花的方式。她和众多拖延者一样，他们最想规避的总是那些带来最多负面情绪的，以及无趣的、烦琐的、颇具挑战性的事务。

　　索菲亚坐下来写作的时候觉得整个人的能量都快被耗尽了，而当她放下了这一切，她感受到了解脱后的放松。她的大脑察觉到放松比紧张、焦虑好太多了，从这以后，她一想起写作这件事，大脑就会鼓动她拖延。和许多其他的拖延者一样，索菲亚也习惯性地开始逃避自己的负面情绪。甚至，这个躲避的过程在她无意识的状态下发生在瞬息之间，以至于在她的大脑已经把那些负面情绪屏蔽以后，她都没能意识到那些感受曾经存在过。

索菲亚想要逃避写作带来的不适感，其实这不能怪她。社会环境教会我们一定要躲避那些"恐怖的"负面情绪。在参加团体活动的时候，你感到很不安？来，喝点鸡尾酒吧，这样你就能缓解心中的不安了。我们都会出现不舒服的感觉，而拖延者往往会更强烈地感觉到不舒服。他们更加没有毅力忍耐那些不适，也缺乏应对负面感受的经验。以上种种使得他们逃避情绪的行为在持续不断地发展后，最终演变成了拖延症。

用逃避的方式来面对自身的情绪是引发拖延行为的关键因素之一。

薄弱的前瞻性想象功能

我猜你可能从来没有经历过背着跳伞包跳下飞机。但即使你从未这样尝试，你的大脑也或多或少地想象过跳伞是一种什么样的感觉。实际上，也许正因为大脑提前想象过并认定跳伞是一件非常恐怖的事，所以你总是无法下定决心试一试。

这样的前瞻性功能使此刻的你有机会提前体会未来。它使人类大脑在进化上有了显著的优势，但同样带来了许多限制。比如说，这样的想象带来的刺激使大脑并不能准确地预估情绪的强度。

在我们想象中，跳出飞机是一件很恐怖的事。但是，如果此时突然出现一个 90 千克的男人从背后把你绑起来，推到悬崖边，那这当然比想象跳伞要恐怖得多。跳下飞机这件事在真正发生以前，都只是一个与现实无关的抽象概念而已。同理，在未来照进现实之前，未来的那个你会怎么想、有什么感受都仅仅是一个虚幻的概念。

当决定拖延的时候，我们也会提前想象自己可能会面对什么样的后果——我们可能没时间把事情做完，别人可能会对我们的行为感到很生气，甚至还可能出现意想不到的问题。但是对于拖延行为的前瞻性想象总会比此刻的现实看起来要更温和一些——我们低估了拖延将带来的压力、负罪感以及错失良机衍生的失望有多强。

所以，即使是这种看起来颇具优势的前瞻性功能也存在缺陷。而比起大众，拖延者的前瞻性想象功能更为薄弱，他们难以考量此时的选择会对未来造成什么样的影响。他们更加忧心于此时此刻自己正在做什么以及感觉如何，以至于忽视了未来。总而言之，他们始终优先满足自己当下的欲望，而非考虑自身于未来的需求。

时间观念失真

你知道人的大脑还不擅长做什么吗？人的大脑不擅长预估时

间。我们根本不知道自己将要做的事情究竟要花多长时间。就好比导航精确地告诉你开车去机场要花 23 分钟，但是你还是迟到了。因为你忘记把行李都放上车要花 5 分钟，把车停在机场停车场再坐摆渡车又要花掉 12 分钟，然后还得花 3 分钟找安检区在哪里。你原本计划好要提前登机，结果计划一下子被打乱，最后，同航班的乘客开始登机了，你才刚刚赶到登机口。

我们还会过度预估时间。你可能认为提前 3 个小时出发去机场是个恰当的打算，结果你在机场无所事事，等了整整 2 个小时，中途你甚至不得不去免税店试试香水打发时间。几乎每个人都经历过类似的事情，人类似乎确实不擅长理解时间这个概念。

这两种情况的结果都会导致拖延。有时，我们估算错了自己做某件事需要耗费的时间，所以我们拖延，但坚信自己将在不久后有充足的时间去完成这件事。这就是为什么你总是觉得自己可以在客人们到来之前的 10 分钟内做完晚餐。

当我们过度估计了做某件事需要花费的时间，我们可能会感觉自己没有足够的时间干活，所以我们又选择拖延，想等几天后或有充足的时间从天而降的时候再开始做这件事。这就道明了你为什么逃避换床单——实际上换床单仅需花费 5 分钟，但是你就是认为现在没时间换，因为在你看来得花 20 分钟才能换完床单。

过度估计做一件事所需要的时间，会让我们觉得自己在一瞬间被压力淹没。然后，我们索性拖着不干了，因为我们渴望自己不被卷进这么令人沉重的事情里。这让我们又回到了情绪感受是如何推进拖延行为模式发展的话题。

"完美时机"只存在于童话中

就在我们过度预估做一件事需要的时间的时候，常会看到拖延尤为棘手的一个方面——使我们想要等待"完美时机"到来后再开始做事。在这个"完美时机"里，我们精力充沛，文思泉涌，认为什么都不如干活有趣，而且精神紧迫得恰到好处，万事俱备，只差临门一脚。

然而，在"完美时机"里，现实往往也许是——我们很疲惫，感觉一点都提不起劲去干活，总是有比干活更有趣的事情，而且我们可能今天根本就没有足够的时间完成这件事。不过，就算以上所有条件都是真实情况，也不代表我们不能开始做事。绝大多数看起来繁重的任务，都可以被分割，所以就算你今天不能把整件事情全部做完，也能够完成这件事的某一部分。

"完美时机"像独角兽一样，只能活在童话里，无法走进现实。举例来说，如果你总想着要在家里跟着网上的有氧运动视频做运动，你就永远都找不到那个完美的开始运动的时刻。要找到一个你既不感到疲惫，又没有别的好玩的事情要做，还感觉特别想运动的时刻的概率无限接近于零。如果你真的想要实现这个目标，你就必须在某个"不恰当"的时刻行动起来。对自己坦诚点吧，宇宙才不会慷慨地施舍给我们一个完全空闲的时间段。

寻找阻止你行动的因素

除了等待"完美时机"以外，还有几个在暗中阻止你行动起来的因素。

拖延行为的关键成因之一就是"害怕失败"，就好比你说"我想要养成规律的饮食习惯，但我可能坚持不了几天就放弃了"或"在我的简历完美无瑕之后，我才有资格申请工作"。现实就是，这类想法轻易地阻止了你迈出保持健康饮食或申请工作的第一步。

和害怕失败类似的成因还有"害怕不确定性"，在我们开始行动之前，告诉自己事情的结果必须很好的时候，不确定性带来的恐慌就出现了。它转换成语言就是："其实吧，我不喜欢我现在的工作，但是如果跳槽，可能我最后得到的工作还不如这个。如果我不换工作，那什么不好的事情就都不会发生，所以我还是继续做我不喜欢的事吧！"

我们还会因为觉得自己的精力太少了，所以不能开始做事，认为"我太累了（或者我宿醉后身体太难受了、我太焦虑了、我情绪太不稳定了），所以干不了这活"；还会因为钻牛角尖、固执己见就拖延着，觉得"我自己知道自己在做什么"或"我才不会按照别人的指挥做事情"。

当然了，造成拖延的因素还有我们人人都"爱"的 FOMO（fear of missing out）——错失恐惧症。这种恐惧往往伴随着类似的观念出现："人生苦短，何必把时间浪费在一些无聊的事情上而错过那些好玩的事情呢？"

以上种种思考的过程都会导致拖延行为出现，因为那些想法会变成准许事务延后的借口。

不过，拖延也不总是因为某些思路而产生。有时候，我们大脑处理信息的方式也会让我们的行动受阻。拖延者通常难以回顾昨日未完成的事务，这也就意味着，没做完事情会因为没被想起来而继续不被做完。拖延者在将要做完事情或要做决定的时候很容易转移注意力，这也会使他们出现迟迟拿不定主意或者其他形式的拖延行为。除此之外，有研究结果表明，越是反感某项任务的时候，人的大脑就越难以想起完成这项任务的实际意义，也越容易拖着不完成这项任务。比如，你现在非常不愿意写某门课程的期末论文，于是你的大脑将"完成这项作业才能够通过期末考试，最终顺利毕业"的实际意义隐藏起来，于是你迟迟没有动笔。

综上所述，拖延行为模式并不仅因为某一个因素而产生。拖延行为是一个复合产物，导致它产生的因素包括你的基因、你大脑的运作方式、你的思维模式和情绪感受，还有你一直以来做过的所有抉择。

拖延行为的迷思与真相

迷思： 拖延症是一个与时间管理能力有关的问题。

真相： 无论我们拖延与否，一天总是有 24 小时，一周总是有 7 天。我们无法真正掌控和管理时间，但我们可以主导自己的行为和决策。我们不能说拖延症是一个与时间管理能力有关的问题，而应该将其定义为一个与行为和决策管理能力有关的问题。

迷思： 拖延者只有在压力下才能表现得更好。

真相： 研究表明，实际上，时间带来的压力只会让拖延者在处理事务时表现得更差。在时间带来的重压之下，比起不拖延者，他们的行动更加迟缓，且更容易出错。

迷思: 科技产品的快速更新换代让我们更容易拖延。

真相: 有些导致我们拖延的活动确实是在电子时代才被开发出来的, 比如打游戏。在我们所处的工业社会中, 随着截止日期的临近和被委托的事务越来越多, 拖延行为更是越来越常见, 且给拖延者造成了更多困扰。但是, 不要忘了, 人类已经通过阅读、社交甚至是无所事事拖延了上千年了。

迷思: 我的拖延行为不会影响到任何人。

真相: 你的同事会因为你不能及时回复邮件而感到困扰; 你的伴侣会因为你不帮忙做家务而感到头疼; 你的孩子们会因为你拖着不关注自己的心理健康所以把怒气都发泄在他们身上而倍受煎熬。因为我们与这个世界紧密相连, 所以每一次拖延行为都会在不同程度上影响着那些爱你的人、与你一起生活的人, 或与你共事的人。

迷思: 拖延者都很懒惰。

真相: 客观上来说, 拖延者的大脑运作方式与非拖延者略有不同。这些差异会让习惯于拖延的人难以激励自己行动起来, 难以延迟享乐, 难以贯彻自己最开始的意图。

变慢的做事节奏，变差的生活质量

你总是坚信一时的拖延带来的影响是短期的——因为迟交论文被扣了点学分，或是因为信用卡逾期还款被收了点罚款。实际上，拖延往往能够危害到你生活的方方面面。通常情况下，拖延者的身体更容易处在亚健康状态、精神状况更加不稳定、收入更低、就职周期更短、失业风险更大，且更容易感到痛苦不堪。接下来，让我们来看看在你拖延的时候，你的生活会发生什么样的变化。

身体和心理健康水平被拉低

见到阿什莉的时候，她刚刚结束在法学院学习的第一个学期。因为没能规划好自己的课业，阿什莉觉得很抑郁，并且强烈怀疑自己是否真的能够成为一名律师。她甚至还因为难以承受巨大的心理压力出现了惊恐症状。

2007 年的一项调查结果显示，约有 94% 的拖延者像阿什莉一样都觉得拖延行为使自己的幸福感大打折扣。当拖延行为带来痛苦的时候，拖延者倾向于不去选择积极、恰当的方式缓解自身的痛苦，所以最终拖延行为使拖延者责怪自我、批评自我、焦虑、抑郁，以及承受巨大压力。

有时候，我们选择拖延是为了解压，想着"如果我晚一点再开始复习考试，那我现在就没这么大压力了"。确实，压力是减轻了，但除非考试从此刻开始彻底消失，否则压力还会再回来。并且，随着考试时间临近，拖延者会比不拖延的人感受到更多的精神压力，甚至会出现更多的身体健康问题，例如头疼、肠胃不适、感冒、失眠等。有研究表明，选择拖延，意味着拖延者不仅将此刻该有的压力完全转移到了未来，还给自己凭空制造了更多的压力。

拖延行为制造出额外的压力（不是在消解压力），而压力又激发了身体的生理反应——身体受到压力刺激后，体内的免疫系统受到威胁，引发各种炎症。这将会导致身体出现健康问题的风险增加，比如引发高血压和心脏病等。此外，压力还将阻断那些对我们健康有益的行为，比如有氧锻炼、健康饮食、充足睡眠。

遭受经济损失

　　长时间的拖延行为不仅会伤害你的身体和精神，还会伤害你的钱包。布洛克税务公司在 2002 年的调查中发现，有 40% 的美国人会等到四月再填写报税表。延迟提交报税表使这些美国人平均损失了 400 美元，其中包含滞报金，还有因填表过于匆忙而出现错误带来的损失。仅 2002 年，与报税相关的错误使美国政府在当年收到超过 4.73 亿美金的溢缴税款。

　　这次调研的结果还体现出美国民众习惯性拖延为将来存钱。这意味着他们在退休后并不能畅玩橄榄球、在舞池里热舞或是在墨西哥的私人海滩啜饮鸡尾酒，而是还得过着朝九晚五的生活，因为这些人压根就没有为退休存钱。

　　拖延还会使人在很多小事上浪费钱，比如因为没有准时支付账单而被罚款，买了一件实物与图片相差太大的毛衣但因为错过了退货时间而不得不将其留下，或由于没能早点出发乘坐公共交通工具去机场而不得不打车前往。

无法竭尽全力做到最好

　　除了钱包受到威胁以外，拖延行为还让我们无法竭尽全力做到最好。我的咨询者——马森，迟迟没有跟老板沟通自己的团队因为公司政策的新变化而面临的困境。拖到最后，他只剩下 1 个小时来写完整个报告。因时间仓促，他不仅遗漏了一些核心问题，还打错了一些字，也没有留时间让团队成员检查报告内容，这很可能导致他的老板不会认真地对待他们团队的诉求。马森的故事并非个例，因为拖延者在各种环境中都常常表现不佳。在大学校园里，这样的不佳表现包括作业评级低、考试分数差、平均绩点低，甚至拖延者到最后不得不退学；又或是在毕业以后，惯性拖延又继续拖后腿，使他们在工作中表现不佳。

陷入人际关系危机

向我寻求帮助的人中有一部分非常有成就。最近，其中一位咨询者因为过于拖延导致婚姻关系摇摇欲坠而找到我。

麦克，一名事业、家庭双丰收的 42 岁企业家。作为父亲，他非常称职，甚至可以提名"年度好爸爸"。多年以来，他一直没有把公司的经济流动状况放在心上，因为这一问题看上去无关紧要。但是，小小的记账误差逐渐累积成了让公司的未来发展受到威胁的大问题。同样，他的家庭经济保障、安全、家庭成员间的关系都受到了影响。没有了公司运营带来的收入，他们无法负担家庭开支，去不了迪士尼乐园度假，也没办法支付 5 岁女儿的舞蹈课费用。

我总是会从咨询者口中听到与麦克的经历类似的故事：这些

拖延者大多苦于没有动力工作、对生活毫无期待，最后与周围的人的关系逐渐崩塌。坦白地说，那些来找我咨询心理问题的人，绝大多数都陷入了人际关系危机。在我们最爱的人受到影响之前，我们总能欺骗自己一切都好。

我们总会认为被拖延行为困扰是个私人问题。谁在乎我们有没有熬夜赶进度或者拖着不叠衣服呢？除了自己之外没有任何人会被拖延伤害到。但是，拖延往往是一个与他人有一定关联的问题。麦克一直拖着不缴费和报税并始终瞒着妻子这件事，他的妻子逐渐觉得自己受到了背叛、欺骗，最终怀疑、愤怒、埋怨。她再也无法相信自己的丈夫能够打理好公司，也没办法在需要帮助的时候继续依靠这个男人，她还会时不时地担心丈夫是否隐瞒了更多的事情。拖延行为导致长期的经济危机出现，让麦克的妻子感到无力、恐惧和气愤。

不要成为一个被拖延症毁掉人际关系的父母或老板。当我们不及时回复同事的邮件或电话时，当我们逃避和伴侣开诚布公地解决关系里的问题时，或是当我们拖着不和朋友见面时，我们都是在给身边的人制造额外的麻烦。一言以蔽之，我们把一个私人的拖延行为扩大成了身边的人共有的烦恼，最后导致人际关系的矛盾爆发。

为短暂的愉悦付出代价

拖延固然带来了许多问题，但它也确实会让人觉得舒服。毕竟，比起花时间在机械地叠衣服、规划预算以及更新简历这些事情上，花费一整个晚上的时间看电视剧、刷短视频、逛电子商场可要爽太多了。

这种愉快只是短暂的。片刻之后，我们必须为之前的拖延付出代价。代价可能是我们在最后一刻仓促赶工时的压力；在没能实现目标时的沮丧；在看着没做完的事情越堆越多时的挫败；因对身边的人造成困扰而深感羞愧。最终，不断陷入拖延死循环带来的罪恶感使我们又一次陷入了更加消沉的境地，侵蚀了拖延行为带来的那些快乐时光。

═══════════ △ ▲ △ ═══════════

从神经科学的角度看拖延

拖延行为在很大程度上被几个大脑区域以及它们之间的交互方式影响着。举例来说，拖延行为与腹内侧前额叶皮层区域活跃度有关，脑部的这一区域帮助我们做出与个人价值相关的行为。人在拖延时，前额皮层前端区域活跃度减弱，这一区域与长期规划行为密切相关。这二者组合起来就表示拖延者倾向于关注短期、即时的满足感，而并不在乎长期的目标规划。

拖延行为还受到大脑不同区域间的相互作用的影响。比如，拖延与做决策涉及的大脑相关区域之间的互动较少有关。这会影响我们做出恰当的抉择，使我们选择吃布朗尼蛋糕而不是吃西兰花，选择拖延式烘焙而不是做开支预算。

大脑中与身体对压力的刺激做出的回应相关联的区域，对于我们理解拖延也至关重要。举个例子，压力会激活杏仁核——处理恐惧和其他情绪的脑部区域。当杏仁核被激活，它会将我们的注意力从未来拉回此刻，这样我们就能处理当下的威胁了。这样的功能在我们被老虎追赶的时候非常有用。但是，当压力是由拖延行为带来的时候，活跃的杏仁核使我们更加关注当下舒适与否，哪怕这一时的自在会在未来引发更多的麻烦。

屡教不改的你，是否患上了"拖延依赖症"

通常情况下，我们假设惯性拖延是个有关事务和时间管理能力的问题。这种观念不无道理。但是正如前文所述，惯性拖延是一种行为模式，所以它与情绪感受之间的关联更大。我们一想起自己要做的事情，那些令人不适的感受就找上了门：被负面情绪淹没的无措、因恐慌产生的呆滞、因忙碌产生的压力而不堪重负等。绝大多数人都不喜欢这些感受，所以我们总想找个办法逃避。诚然，拖延意味着我们无法完成本该完成的任务，但它也意味着我们将自己从令人不适的情绪漩涡里"救"了出来。因推迟处理事务、躲避压力得到的解脱感会令人上瘾，在类似的负面情绪再次来临时，我们又会继续选择拖延。换言之，我们实际上是在使自己逐渐适应并依赖拖延。

拖延带来虚假的解脱感

现在，你应该已经熟悉了拖延的运作方式，接下来，让我们看看它的各个组成部分又是如何将我们困在循环之中的。当我们想要开始干活的时候，不出所料地，我们脑海中会立刻浮现"我现在提不起劲"或"我之后肯定会做的"等想法。我们还会马上开始觉得不舒服——紧张、胆怯、泄气或无精打采。接着，我们就会对这些情绪做出反应："啊，这太难受了""我忍受不了"或"我恨这种感觉"。由此，强烈的逃避欲望诞生了。当我们发现只要不做这些事，就可以摆脱这些难受的感觉时，我们会立刻开始绞尽脑汁地想出一些冠冕堂皇的理由来逃避任务。我们宁愿选择去做一些更有趣的事，或者使自己压力小一点的事，而不是做那些我们真正应该去做的事情。我们知道这会带来新的麻烦，可是我们仍旧依靠此刻的逃避让自己从上一刻的压力中脱身。当下的解脱感远比不拖延带来的长远益处更令人满足，这促使我们想要拖延的欲望愈发强烈。更糟糕的是，"任务完不成""家人们失望"，这些额外的麻烦在我们拖延时越积越多，这又使我们对继续做事感到更加不舒服。那些我们想忽视的负面情绪一个接一个地冒出来并越积越多，从而使我们陷进更深的不断拖延的循环里无法脱身。

拖延者不是不会从过往经验里吸取教训。他们确实学到了东西，只不过他们学到的是"拖延能够立刻消解不适，而不拖延则会让不适感持续下去"。我们的大脑偏爱即时的愉悦感，所以拖延行为会持续出现。

到目前为止，你已经知道了拖延从哪里来，为什么会产生拖延行为，以及它从哪些方面改变着你的生活。接下来，我们将探索拖延行为模式是如何影响心理健康的。就算你从未确诊任何情绪障碍，拖延也大概率与你的心理状态和行为模式相互影响着。

第三章

拖延心理：
在情绪怪圈中苦苦挣扎的拖延者

拖延导致了心理健康问题，它同样也因心理健康问题而生。如果你被心理健康问题困扰着，你需要记住，通过阅读心理学相关书籍进行自我疗愈不能替代个性化治疗，不管这些书多么具有科学性。你需要及时和心理治疗机构的专业心理医生沟通你的心理问题。本章只能帮助你了解拖延与情绪和行为之间的关联，并不能替代专业医生的治疗建议。

坠入分心的深渊——注意力缺陷及多动障碍

  与惯性拖延关联最密切的心理健康问题是注意力缺陷及多动障碍，简称"多动症"。这种障碍往往表现为缺乏注意力或行为冲动，也可能两者皆有。多动症患者时常犯一些小错误，容易分心，通常难以管理时间，不能及时完成任务，也总是丢三落四。

  这让我想起了蒂姆，我的咨询者之一。他就总是处于注意力涣散的状态，甚至因此在毕业后找了一份自己不感兴趣的工作。注意力过度涣散给他的生活带来了诸多麻烦：忘记缴费的账单，一不留神出现的伤口，还有备感失望的妻子。也正是蒂姆的妻子使他最终来到了我这里。在蒂姆的休息日，妻子通常都会给他列一个任务清单让他去完成，但是他总是花大半天的时间打游戏，然后在妻子回家之前匆匆忙忙地干活。通常，在蒂姆还没做完清单上的事项时，妻子就已经回到家了……然后，你应该能想象到会发生什么样的事。

在类似的情况出现了许多次以后，蒂姆开始觉得自己肯定多多少少有点问题，他感觉自己像众多多动症患者一样，因为他没办法正常地生活。每当压力来袭的时候，这样的自我贬低就回荡在他的脑海里，使他更加郁闷和焦虑，进而导致拖延行为加重。同时，他的妻子也被影响了，她必须做更多家务活，因为蒂姆根本靠不住，他总是拖着，最后干脆不做。

多动症影响下的拖延行为可以呈现出多种形式，其中一种就像蒂姆的生活状态那样，因为抵挡不住诱惑、不断分心，所以没有办法有效率地分配时间。这还表现为容易遗忘初始计划，难以坚持完成长期性的项目，难以规划任务或决策，倾向于逃避开始或完成那些困难的、令人不舒服的、让人感到没有意思的任务。

和其他的心理健康问题不同的是，多动症群体中的拖延行为往往是从完全不同的因素衍生而来的。举例来说，抑郁症患者通常因为缺乏精力而难以开始或持续完成某项事务。而多动症患者则会因为注意力太过于分散而无法开始做某件事，或因难以延迟满足自己的欲望而拖延。焦虑症患者不想开始工作是因为他们害怕失败和不确定性，而多动症患者则通常会因为任务本身太枯燥而不想完成。然而，多动症时常会伴随着抑郁和焦虑症状，所以他们会出于各式各样的原因产生拖延行为。

应对多动症衍生的拖延

在我们的大脑中，受拖延行为影响的区域与因多动症产生变化的部分高度重叠。几乎每一个和完成预定任务有关的因素，包括选择任务、获得完成任务的动力、保持专注、持续推进、最终完成任务，都会给多动症患者带来艰巨的挑战。但是，使多动症患者拖延的最根本因素则是注意力涣散。如果你因为注意力涣散而持续拖延，请你进一步阅读本书的第二部分，并仔细阅读第八章关于如何保持专注的内容，以及在第十章学习如何有始有终地完成任务。如果你还因为难以管理和规划任务及时间而不得不拖延的话，请你翻到第五章学习如何判断任务优先级，也许会对你有帮助。

消沉浪潮席卷而来——抑郁症

　　抑郁症患者常常会陷入悲伤、空虚、疲惫以及绝望之中。抑郁症还会破坏睡眠规律和饮食习惯。像其他心理健康问题一样，抑郁的症状也有轻重之分：轻者，偶尔会感到忧郁，但是还能跟得上日常生活的节奏；重者，则长期陷入抑郁状态，并且难以保持活力。抑郁会时不时地在一个人的生命中反复发作，甚至有时候一个人在发病前根本没有受到任何的刺激。它也可能伴随着人生中的重大负面事件而出现，如挚爱的人去世。

　　当内森第一次来电向我咨询的时候，他就坦承自己已经拖延心理治疗很多年了。拖延行为模式不仅阻碍了他按需预约心理咨询，还使他迟迟不愿建立人际关系，也不想找一份有意义的工作，哪怕面对的是一些非常有意思的事情他也拖着不做。回顾之前的人生，他觉得自己活着没什么意思，甚至尝试过自我了断。如果你觉得拖延不至于跟自杀倾向有所关联，那就错了。拖延行为模式其实是预测自杀倾向的主要因素之一，这一点在自我价值感薄弱的年轻群体中尤其突出。

除了拖延人生中的大事，内森还会在小事情上拖拉，比如整理公寓、剪头发、去逛超市等。因为内森习惯于把领导分配下来的工作都拖到最后一刻再做，所以和他一组的组员只好愤愤不平地在内森仓促干活的时候把剩余的工作做完。最终，内森被开除了。内森的朋友和家人也被他拖延工作的行为影响了：为了在最后期限按时完成工作任务，内森总是临时爽约，取消见面；并且因为他的拖拖拉拉，周围的人也会被迫迟到或犯错。更可怕的是，家人和朋友们当前很可能因为内森自杀而彻底失去他。

因抑郁症产生的拖延行为，与因注意力缺陷和处于焦虑情绪中产生的拖延行为有诸多类似的地方。主要的差异是抑郁症患者通常因没有足够的精力去开始行动而拖延，除此之外，他们还要面对低自尊、完美主义、冒名顶替综合征等问题，因此他们往往同时受困于多种不同类型的拖延行为。

应对抑郁症衍生的拖延

想要应对因抑郁症引发的拖延，你需要具备相关的专业知识。

如果你正经受抑郁症的困扰，我强烈建议你最好能够与那些可以从根本上帮助你缓解抑郁症状的心理咨询师或治疗师取得联系，并就拖延问题与他们进行深度的探讨。

抑郁症导致的低活力会使一个人开始做一件事或完成一个任务变得更加困难，所以从尝试提升动力入手可能会对你有所帮助。在阅读本书第二部分内容的时候，请你多多关注第六章、第七章和第九章的内容。在第六章，你将学到一些提升动力的小技巧，它们对于消解抑郁症中的"自我放弃式悲观主义"有很大的帮助。这种悲观主义会使人产生类似于"为什么我今天非得洗澡不可？反正今天又没有人会见到我"的想法。在第七章，你会学到有关如何开始行动的技巧。这些小窍门将帮助你在什么都不想做的时候仍旧可以完成一些小事。第九章的内容则与如何克服惯性逃避有关。抑郁症的一个鲜为人知的症状是犹疑不定，因为当一个人处于抑郁中时，所有的事情对他／她而言都非常糟糕，所以抑郁症患者难以做出任何决策。我们将介绍一些帮助你做出决定的技巧，从而使你具备做好那些真正重要的事情的能力。

侵入内心的焦躁不安——焦虑症

　　焦虑症通常包含恐惧、忧虑、焦躁不安等情绪。焦虑症不仅包括广泛性焦虑障碍——为许多不同的事情担忧，集中在安全、金钱、工作表现、外貌以及人际关系等方面，还包括社交恐惧症——害怕被他人评头品足、指指点点或是羞辱，以及"强迫性神经症"。其中，强迫性神经症又称"强迫症"，即由于持续出现侵入性消极想法，患者常常强迫自己用一些重复性行为来缓解那些想法带来的强烈不适。

　　在某种程度上，每个人都会或多或少地体会到"正常"的焦虑。就好比在穿过车流量大的马路之前，如果不先看一看红绿灯，并确定是绿灯的话，人人都会感到很紧张。因为如果你没有这种意识或紧张感，在过马路的时候你就会很容易受伤。同理，几乎所有人在当众发表演讲之前都会感到焦虑，因为如果你没有这种焦虑，那么你也许不会那么认真地对待做报告，之后你的同事们可能会因此感到失望，最终你可能会失去这份工作。就生存而言，焦虑是必需的，但是对于一些人来说，焦虑严重地影响了他们的生活质量。像其他心理健康问题一样，焦虑程度也可以从"轻微的、暂时的"发展为"严重的、频繁的"。

理查德就长期被焦虑症困扰着。理查德有比较严重的强迫症——他会不由自主地怀疑自己的一言一行，然后用逃避做事情的方式缓解这些疑虑带来的不适感，比如因认为自己有一天会需要用这些空塑料瓶而选择不把它们扔掉，或是因害怕收到不好的消息而选择不查看邮件。有一天，理查德从超市回来以后，将一大瓶牛奶遗忘在汽车的后备厢里。等他意识到这一点时，牛奶已经过期了，理查德对自己的粗心大意感到非常愧疚。但是，他没有把过期的牛奶扔掉，而是选择逃避。理查德认为，只要他不扔掉牛奶，就可以避免面对自己的过失带来的罪恶感。可是，随着那瓶坏掉的牛奶逐渐在夏日的高温下散发出越来越浓厚的恶臭，理查德心里的罪恶感也越积越深。

这件事听起来有些夸张，但是理查德的焦虑症使他的生活一片狼藉，远远不止逃避扔一瓶牛奶这么简单。理查德甚至还不愿意吃药、刷牙、修理公寓的暖气片，因为这些小事会让他感觉自己瞬间被心理压力淹没，虽然不去做这些事能够缓解一时的不适，但事后他又会因为拖延生出罪恶感。理查德是在用完全不尝试做任何让自己紧张的事情这一逃避方式来应对害怕自己做得不对的恐惧。让人遗憾的是，他的逃避同样也影响了其他人。因为理查德拖着不存钱，所以他的大多数开支都依靠信用卡支持，这使逾期未还款项增加。这不仅降低了他的个人征信，还给家庭带来了额外开支。除以上种种逃避行为外，理查德还习惯性地逃避与人进行交流，这也意味着他的人际关系逐渐恶化。

如果你有类似于抑郁症和多动症衍生的拖延行为，当你感到焦虑的时候，也会难以开始或完成既定的事项，不过这通常是因为压力过载或是过度担忧自己会失败。与多动症中的拖延行为类似，处于焦虑状态中，人们也会难以专心致志地做一件事，但分心更多是因为忧虑，而非被其他事情分散注意力。由焦虑状态衍生而来的拖延行为有一个耐人寻味的特质——使人害怕自己成功地完成任务。通常，焦虑的人会害怕成功，他们会想："万一我成功地完成了任务，人们也许会对我抱有更高的期待，如果我无法满足他们的期待怎么办？所以还是别费力气了，不如就这样待在舒适圈里平庸地活下去。"

应对焦虑症衍生的拖延

焦虑和拖延行为之间的联系在很大程度上与不安和恐惧有关——害怕成功又害怕失误。这些恐惧使他们开始或完成事务以及做出决策尤为困难。如果你也有相似的困扰，请多看看第七章、第九章和第十一章的内容。在第七章中，我会向你介绍如何战胜令你感到招架不住的不安感，从而让你得以一步步做完任务清单上的事项。而后，在第九章中我们会有针对性地解决做事情时犹豫不决以及逃避的问题。受焦虑症折磨的群体总会担忧自己能否做出"正确"的选择，再加上害怕犯错，他们最终会直接逃避做抉择。我们会学习一些减少逃避行为以顺利推进任务的小妙招。接着我们会从第十一章中学习如何让任务有始有终，即使你恐惧完成任务后人们会对你产生额外期待。当然了，本书无法替代个性化的心理治疗疗程，不过，与你的心理咨询师或是治疗师一起将本书作为常规治疗中的辅助，能更好地让你得到充分的帮助。

━━━━━━━━━━━ △▲△ ━━━━━━━━━━━

拖延与成瘾

拖延与成瘾之间存在互相影响的关系。长期以来，心理学家们的研究结果表明，惯性拖延者因为截止日临近而感到恐慌和焦虑，从而做出成瘾行为试图缓解自身的负面情绪。

此外，拖延还会加重人们的成瘾循环。科学家称那些反复强调"明天是彻底戒烟戒酒的时机"的想法为"拖延式狡辩"。

━━━━━━━━━━━━━━━━━━━━━━━━━━━━━

愈发刺眼的自身缺陷——低自尊与不自信

我们时常会交替使用"自尊"和"自信"两个词，但是实际上，二者是完全不同的概念，至少在心理学领域如此。是否有自尊心或是否自我尊重代表了你对自身抱有的态度是积极的还是消极的，以及你觉得自己好还是不好。高度自尊的人尊重自己的感受，哪怕在意识到自身并非完美之后，仍旧能够体会到自我独特的价值；反之，低自尊人群只能看见自身的缺陷，总觉得自己不够好或是配不上某些人／物。

伽勒是个十分温柔且深情的人，然而他的低自尊却使他总觉得自己非常糟糕。伽勒的低自尊感使他在需要帮助的时候无法向他人求助。在面临个人经济危机的时候，因为没能及时寻求帮助，他差点被驱逐出公寓。不幸的是，虽然他不想给自己爱的人带来麻烦，但是这种想法有时候会给他带来更大的问题。比如，伽勒从来都不想让自己的伴侣伤心，所以为了避免他们之间出现任何严肃的、可能让人难过的交流，伽勒会选择减少和女朋友见面的次数以及缩短共处的时间。但这样做带来的后果就是，他们的关系止步不前了。

如果自尊程度代表着你如何评估自我价值，那么自信就关乎你是否相信自己能做好某些事。米歇尔已经计划减肥很多年了，但迟迟没有落实。因为她不相信自己能够设计出一个合理的饮食计划或是能够坚持有规律的锻炼，以达到减重 70 千克的目标。所以，她选择了拖延，并且体重也在持续增加。

低自尊和不自信导致的拖延使我们错过了本该得到的机会。我们长期困在不健康的亲密关系里无法逃脱，在工作中不能顺利地晋升，在生活中抓不住个人成长的机会。亲近的人也因此被困扰着：他们看不到我们的进步，有时候，他们甚至不得不替我们做那些我们没有自信做的事情。渐渐地，我们只能完成一些再微小不过的事情，还认为自己只配得上这些或者只能做这些。

就像其他心理问题衍生出的拖延行为一样，低自尊和不自信导致的拖延也会使人难以开始或完成某项事务。但是，导致拖延的核心因素是我们内心的那些消极想法：我们坚信自己不值得开始或追逐目标，并且无法完成任务。

应对低自尊与不自信衍生的拖延

因自尊和自信问题产生的拖延行为，大体上都跟我们主观的自我价值和自我能力评估有关，所以在应对这类拖延时，首要任务就是消解不必要的自我怀疑。和解决其他心理问题一样，如果你饱受低自尊和不自信的折磨，请优先请求心理咨询师和治疗师提供个性化的治疗方案。除此之外，你可以重点阅读本书的第七章、第十章和第十一章的内容。第七章中的技巧是专门针对跨越难以实施计划的障碍提出的，即使你不确定自己是否有能力坚持到最后。不自信让你难以面对挫折或是其他困难，所以第十章会帮助你解决这些困扰，从而使你的生活能够回到正轨。在逐渐接近任务的尾声时，对自我的怀疑和因快要成功产生的压力可能会随之而来，这时第十一章的内容会帮助你继续前进，使你手头的工作有始有终。

令人上瘾的成功——完美主义

做事情追求完美意味着你给自己定下了极其高的标准，并且粗暴地将个人价值的高低与是否有能力达到这种天方夜谭般的标准捆绑在一起。一方面来说，这样的方式是有利的：对自我抱有高度期待可以促进你增强自信心，并且有效地减少拖延。可是完美主义同样是有害的：它会使你持续地批判自己，过分地关注瑕疵。明明你已经做得很出色了，却难以获得成就感，以至于陷入焦虑和抑郁的状态，加重拖延行为。

我的很多患者都是完美主义者，比如克洛伊，一位一丝不苟的会计师。她一直以来的成功令她上瘾。在学生时代，克洛伊从来都是名列前茅，成绩出色。但不久后，克洛伊就开始产生自己不再是优秀学生的恐慌："如果成绩变差了，那我会变得多糟糕？"

最终，她养成了一种坏习惯：拖延自己的功课，在截止时间前拼命熬夜把它做完。在截止时间悄然逼近的时候，她会耗费好几个小时不断调整文档的字体、句式结构、整体版式，直到一切看上去完美无瑕。她心里清楚拖延做作业的风险非常高，但这样做的好处是万一她没能将作业完成得很好，就能把一切归咎于做作业的时间不够，而不是她不够聪明。换言之，对于完美主义者来说，拖延导致的失败远比努力尝试后的失败要好太多了。

完美主义者通常都很有实力，但是他们不合理的高标准促使他们把开始行动或完成任务的时间不断往后推，而拖延行为使他们更加难以实现自己的目标。拖延会引发自我批判，比如"我应该早点开始的"或是"我总是这样把事情搞砸"，而完美主义者还会无意识地把自己的精神高压转嫁给周围的人。完美主义者周围的人因此觉得如果不能按照完美主义者的高标准行事，那么自己会被狠狠地批评。克洛伊的丈夫就有这样的感觉，他觉得自己在克洛伊面前什么都做不好。除此之外，由于克洛伊忙于完成那些因为要求太高所以被拖延的任务，她的朋友们都没办法和她见面。因为要加班，克洛伊错过了太多的闲暇时光，包括陪伴儿子和丈夫。

与焦虑、低自尊、不自信产生的拖延类似，完美主义者通常都是因为害怕完成任务以及想要逃避觉得自己不够好、恐慌的感觉而拖延。完美主义者不会因为顺利完成了任务而感到愉悦，反而会在完成高标准任务后得以喘口气的一瞬间，就决定要把下一个任务的标准抬得更高。把事情拖着不做完，可以防止完美主义者把本就直指云霄的标准抬得更高。

应对完美主义衍生的拖延

某些完美主义者之所以没办法开始行动，往往是因为害怕自己会失败，他们会想："只要我不开始做这件事，那它永远不会被我搞砸。"但是，如果是因为完美主义情结过重而选择拖延，那么，问题的根本通常是他们难以把事情做完。完美主义者奋力挣扎着，想要达到自己定下的过高的标准，所以被迫把事情越拖越晚。如果你也受困于因完美主义而不能好好完成任务的循环之中，那么你可以从第十章和第十一章里找到一些诀窍。这些窍门会在你被过高的标准吓退的时候，在你觉得自己不够完美的时候，以及在你害怕失败甚至害怕成功的时候，帮助你跨越这些障碍，继续前进。但是，如果你是难以开始行动的完美主义者，你可以多多阅读第七章的内容并学着克服完成任务过程中的困难。与你的心理咨询师和治疗师一如既往地共同面对拖延，可以从根本上更好地消解你的完美主义情结，并且能够找到更适合自己的策略。

自我怀疑如挣不脱的牢笼——冒名顶替综合征

即使你从来没有听说过"冒名顶替综合征",你也有很大的可能性经历过该综合征了。冒名顶替综合征表现为即使从客观角度看你很有能力,你却仍旧有一种"我在用不真实的能力欺诈所有人"的感觉。你明明已经得到晋升了,却担心自己并不值得被这样重用。克里斯蒂娜一定有这种感觉。尽管她已经被确认能够升职了,但她仍然觉得自己欺骗了上司,使他们错认为自己很称职。克里斯蒂娜害怕自己最终会因为欺诈行为而被开除,终日惶惶。

在过去的很多年里,克里斯蒂娜都不愿意申请晋升,正是因为她觉得自己德不配位。这种与工作上的晋升机会、学业上的提升机会失之交臂的情况,在冒名顶替综合征患者的工作、生活中尤为常见。深受冒名顶替综合征困扰的人群难以真正看见自己的潜力，进而难以抓住使自己更有声望的升职机会，哪怕他们实际上可以把握住它。这让他们在抓住深造机会以提升专业技能与抓住赚钱机会方面踌躇不已。

克里斯蒂娜并不是唯一一个因拖延行为而饱受折磨的人。因为克里斯蒂娜不愿意在工作上逼自己一把，所以她总是拣那些简单的事情来做，以至于她的同事们总是不得不分担更困难或是耗费更多时间的工作。而投身于繁忙的工作会让克里斯蒂娜暂时忘记自己有多少不足，这就导致她没时间维护额外的人际关系，甚至没时间陪伴孩子们。

被冒名顶替综合征困扰的人不仅会怀疑自身的能力，还会假定别人也会这样怀疑他们。由此可见，他们的拖延症成因与不自信产生的拖延状况类似。出现冒名顶替综合征的人过于在意自身的不足、缺点以及错误，他们会因此产生完美主义情结，努力去改善那些瑕疵，由完美主义情结带来的拖延便会出现。

应对冒名顶替综合征衍生的拖延

立即开始行动，就是减少因冒名顶替综合征而产生的拖延行为时，需要跨越的最大阻碍。低自尊和不自信让我们觉得自己远远不具备能实现目标的资格，因此，我们会拖延找工作或创业。

我们也有可能会在罕见的信心爆发的时候开始行动，之后却说服自己不去完成这些任务，而把自己的计划"掐死"在途中。如果你也有上述的感受，请你阅读第七章和第十一章的内容，即使你觉得自己是个彻头彻尾的"能力欺诈者"，在这两个章节中你也能找到帮助自己开始和完成项目的技巧。和往常一样，请你在专业心理咨询师的治疗下阅读本书，这样你能够更好地以适合自己的方式解决冒名顶替综合征带来的问题。

敲响情绪警钟，警惕层层叠加的心理问题

　　有一说一，在阅读本章介绍的心理问题时，你很可能觉得自己正在经受着不止一个问题的侵扰。心理健康层面出现的问题往往会重叠，而很多不一样的问题可能会带来类似的症状和困扰。拖延行为模式很可能从不同的心理健康问题衍生而来——你有可能因为完美主义而拖着不清理烤箱，又因为自我价值感低而不去参加心理互助小组，甚至没有任何原因，只是单纯地拖着不想查看邮件。你可能需要同时关注许多不同的心理问题，这很正常。第四章的小测试能够帮助你缩小问题的范围，这样你能够结合自己的情况做出更有针对性的规划。

　　无须担心我写下的例子是不是和你的经历完全一样。拖延、抑郁、焦虑以及所有其他的心理健康状况都是个性化的——每个

人的所思、所感都各有不同。本书第二部分阐述的方法对缓解拖延行为很有效，这已经在有各种各样的心理问题的患者身上得到了证实。即使你的拖延行为模式和我讲过的例子不一样，也不必担忧，第二部分介绍的方法和小窍门仍然能够帮到你。

到目前为止，你已经理解了拖延中蕴含的心理学理论——是什么导致了拖延的发生、拖延会在什么时候变成需要被解决的问题、为什么拖延的死循环如此难以终止，以及拖延会给你的生活带来怎样的麻烦。现在，是时候将理论知识变成解决问题的妙招了，我们继续向第二部分进发。你已经读完了本书的一半，而最困难的部分——真正开始克服拖延——正徐徐展开。在我们继续旅程之前，请你回顾一下最初写下的阅读本书的 3 个理由，明确自己为什么要继续坚持下去。准备好了以后，就让我们开始克服拖延吧！

拖延与行动力

在本书的第一部分，我们讲解了与拖延有关的心理学理论，也阐述了人们非常容易陷入拖延循环的原因等相关内容。现在，我们要一起运用所学知识，打破这些不良习惯，使自己能够更顺利地实现生活和职业发展目标。本书的第二部分会从一些消解拖延习惯的普适性方法开始讲解，这些内容会帮助你改变固有的心态，更好地改善自己的行为。余下的内容则是一些更为细致的、有科研数据作支撑的方法和小窍门，它们能够帮助你摆脱拖延循环，进一步养成更健康的习惯。我们会针对拖延的每一个环节提出解决方案：从如何在开启任务后不受干扰，到如何顺利完成初始计划。最后，你将得到心理学中的一些解决拖延问题的"工具"，你可以借助这些"工具"从拖延的死循环中解脱出来。

第四章

制订计划：
面对不确定，用纸笔将愿景落地

在第一部分中，你已经了解了拖延行为模式的运作方式，相信你已经准备好在生活中大展身手，尝试解决拖延问题了。在详细地介绍每一个技巧之前，我们有必要粗略地回忆一下克服拖延的几个方法。

克服拖延就像种花：在真正开始种花之前，你需要收集种子，备好土壤，监测阳光和雨水的情况，规划好植物之间的种植距离——准备工作与实际行动同等重要。在开始真正运用一些对抗拖延行为的方法之前，你需要大致记住一些理论及概念，以便能够更有效地实践。

揪出拖延根源，从个人感知开始

在第二章中，你了解了拖延行为的成因，而在之后的几个章节里，你将要深入地探索自己独特的拖延动机。不论你的拖延行为是由心理健康问题衍生而来还是独立存在的，它都是由一系列心理因素混合而成的，其中包括你大脑的运作模式，你的感受、行为、思考方式，还有你的时间概念，以及你是否能够优先着眼于未来。但是，从根本上看，拖延与否还是取决于个人感知。你是习惯过枯燥的生活还是倾向于寻求刺激？你是否会逃避内心的自卑感或是不确定感？当你突然想起需要完成的事情时，你是否会压力超标，濒临崩溃？

△ ▲ △

你首先要做什么？

从规划优先任务、开始执行计划，到有头有尾地将计划进行下去，在拖延完成事务的每一个步骤中，你都可能会感到煎熬。

而使你在攻克拖延的过程中承受更大压力的第一个疑虑很可能是"我到底从哪里开始行动呢？"你可能会从后面的几个章节介绍的几个甚至是每个方法中获益匪浅，但我们先谈谈比较有针对性的问题——应该从哪里开始阅读本书。你可以先问问自己：

1. 当开始规划待办事项的时候，你是不是很难决定到底从哪一件事开始做？

2. 当决定好要完成某件事的时候，你是不是有时候会忘记这件事在哪方面的重要性更突出？

3. 是不是只要开始做一些无聊的、枯燥的、不愉快的事，你就很难有动力坚持下去？

4. 当决定要开始做某件事了，你是不是常常发觉自己并不知道从哪里入手？

5. 在规划好待办事项之后，你是否难以真正地、踏实地开始做某件事情？

6. 对于你来说，一心一意地完成一项任务是不是很困难？

7. 当你努力想要着手完成某件事的时候，你是否会感到自己压力暴增、濒临崩溃或是焦虑不已？

8. 对于你来说，做决定是不是一件十分困难的事情？

9. 当你开始处理事务或项目，你是否难以持续地推进它，导致最后不能将它好好收尾？

10. 由犯错、失败甚至是成功带来的恐惧，是不是造成你无法开始做事的"元凶"？

请你查看下列提示，并根据回答问题的情况做出相应的选择。例如，对于问题1，你的答案是"是"，则优先阅读第五章。

问题1：优先阅读第五章

问题2和3：优先阅读第六章

问题4和5：优先阅读第七章

问题6：优先阅读第八章

问题7和8：优先阅读第九章

问题9：优先阅读第十章

问题10：优先阅读第十一章

如果你在多项问题中都回答了"是"，请先从第五章开始阅读，并按照顺序读下去。

战胜拖延，没有"速效药"

是时候扔下一个重磅的"事实炸弹"了：本书中提供的所有策略都并非"速效药"。并不是因为这些方法不够好，而是因为根本不存在解决拖延问题的捷径。确实，市面上有些书籍的作者也许会保证自己提及的方法能够即刻见效，但是我宁愿实话实说，也不愿误导读者。我们的大脑擅长自我更新，时时刻刻都有新的神经通路被建立起来，有时候还会有新的神经元诞生，但是这些变化都并非一日之功。在摒弃旧有的习惯模式之前，我们的大脑会谨慎地确认新的习惯模式是不是真的有效，当确认新的习惯模式有效之后才会进行替换；否则，替换掉旧有的习惯模式就是白费功夫。你是否曾经听说过改变一个坏习惯或养成一个好习惯要耗费 21 天、30 天（或更多的天数）的说法？在此澄清一下，这种说法在科学界并不为人所认同。根据心理学家的研究结果我们能够知道，养成一个习惯需要花费 18 天到 254 天不等，平均需要耗费 66 天。但是，在这 66 天里，我们需要扎扎实实地付出，日复一日地努力，始终如初，绝对不能浑浑噩噩、得过且过。所以，如果你已经下定决心要认认真真地解决拖延问题，你必须要做好准备。至少在接下来的几个月中，要不断尝试练习学到的新方法，并且要克服许多挫折。在此过程中，你可能会饱受煎熬，感到很挫败，甚至还会质问自己为什么要这样折磨自己。这并不代表你无药可救，克服拖延行为模式是完全有可能的。但是，你最好在一开始就做好开启这段艰苦斗争之旅的心理准备。

识破"只管去做"的谎言

我知道你肯定尝试过这样的方法——在想要做什么事情的时候告诉自己"只管放手去做！"还有，你向自己保证肯定会在上班之前去健身房锻炼身体，但是这个诺言从来没有兑现过，所以你决定硬着头皮逼着自己去做这件事。然而，不知道为什么，这样的逼迫并不好使。

"只管去做"，这种粗暴地推动自己实施计划的方法之所以不奏效，是因为它解决不了拖延的源头问题。实际上，这个方法使你彻底地忽略了拖延模式中存在的情绪问题。它并不能安抚当你想起自己要去健身房的时候产生的情绪：身材走样带来的羞愧感、到达健身房以后不知道做什么的无措感，以及一想起达到瘦身目标需要付出许多努力就暴增的压力感。当这些情绪感受逐渐膨胀，你会彻底被击溃，然后就像往常一样——躺下，继续睡回笼觉。你需要一些实用的在循证基础上设计出来的策略，来应对使你不断逃避任务的核心问题，而不是忽视那些问题，干巴巴地告诉自己"做就好了"。本书的第五章到第十一章介绍的所有策略，都是为了应对逃避的核心问题而提出的。

跳出时间管理误区

另一个具有误导性的用来解决拖延问题的策略是单纯地把重心都放在优化时间管理上。很多人觉得拖延就是因为自己没有做好任务规划和时间管理，或是自己这方面的能力有所欠缺。这些人普遍认为，如果能有个更科学、合理的时间表，使自己能够把时间更有效地利用起来，那拖延行为就不会这么严重了。

以下案例就说明了事情为什么并不是这么简单。在心理治疗过程中，威廉有一些不复杂但是很重要的目标想要实现，其中之一就是提交减轻学生贷款的申请材料。想象一下，你拥有一份和房贷金额一样多的学生贷款。这就是压在威廉身上的重担，如此一想你就完全能体会到他的压力。每一次心理咨询，我和威廉都会周详地规划提交申请材料的每一步，同时还会仔细分析并提前排除任何可能会不利于计划实施的大大小小的问题。即使如此，威廉依旧不会按照计划行事。毋庸置疑的是，问题的核心根本不在规划和管理时间上，因为我们早已一同解决了这方面的问题。很显然，与之前去不了健身房的问题类似，真正困扰威廉的是情绪。像沉重的学生贷款一般的人生重大问题，会给威廉带来许多强烈的情绪感受，这会使他感到无助、恐慌，并感觉自己陷入难以逃脱的困境，直至不堪重负，无法前行。每当威廉要按照精心制订的严密计划行动的时候，那些沉重的情绪就会再次冒出来。因此，他需要做出抉择：是选择继续实施计划、承受情绪的折磨，还是为了让今天好过一点，说服自己明天一定会按照计划做。你可以猜猜看他选择了哪个选项。

时间管理能力的不足确实会对拖延行为的产生有一定影响，规划时间的能力也如此。但是，从根本上来说，要打破拖延行为的循环，最需要解决的应该是更深层的情绪化问题。

使用科学的循证策略

有时候，人们会有想要推翻心理学的倾向，他们会认为心理学不过是一个由"常识"组成的"伪"科学。诚然，心理学领域的很多研究只是在解释一些在生活中时常发生的现象，例如，学习更勤奋的学生得到的分数更高、酗酒会损坏人的大脑、抚摸宠物能够舒缓人内心的压力等。然而，心理学领域更多的研究发现则是出人意料的，甚至会完全颠覆你的想象，例如，你在恼怒的时候试图通过对着枕头尖叫来发泄，这样做实际上会加重内心的愤怒；我们的记忆与现实之间存在非常大的误差；人际关系中的"异性相吸"原则并不一定存在；等等。这就是为什么当我们想要解决人在心理方面的相关问题的时候，查阅文献是重中之重，包括在解决拖延问题时也是如此。在克服拖延时，使用那些未被验证过的、看似恰当的方法有时候能短暂改善你的情绪和行为，但是如果你想拥有长期的、可持续的行为变化，那么选择那些已被验证过的、能有效化解行为问题中的负面情绪的方式十分关键。有些时候，这些在循证的基础上得出的行为策略是符合我们的直觉和常识的；也有些时候，这些策略和你凭空想象的那些方法完全不同。不过，幸好我们有科学作为指南针。

专注于拖延行为的根源

解决大多数问题都要从其源头入手。举个例子，如果你的眼睛不停地流泪，你首先需要弄清楚这是由季节性过敏、眼部感染，还是辣椒刺激导致的。随后你就会知道自己该如何解决这个问题，是需要吃治疗过敏的药物、看医生，还是记住下次不要在切过辣椒后用手碰眼睛。同样的，解决拖延问题的方法也一样。如果我们能够弄清楚自己的拖延行为究竟是什么因素导致的，我们便能更好地找到合适且有效的方式来改善自己的行为。如果你选择跳过第一步的"溯源"工作，鲁莽地按下"快进键"，直接开始"尝试解决拖延问题"这一步，那就像是在用抗过敏药缓解角膜炎一样——没有任何效果。

不得不提的是，探究并明确拖延行为的"根源"，并不意味着你需要直接回到人生最初开始拖延的那一刹那。这里的"源头"指那些一直助长拖延循环的并使其根深蒂固的想法、行为以及逃避带来的负面感受。你要明确自己的拖延循环模式到底是被哪种因素推动着，是自控力不足还是动力不足？是无法忍受负面情绪还是主观时间概念失真？还是我们之前介绍过的其他因素影响到了你？明确了这些，你就能够辨别自己需要使用哪一类方法来攻克拖延。由此，本书的第五章到第十一章才能为你提供最合适的解决方案。

坚实的基础思维系统——战斗的敏捷度与力量值

在采用一些有针对性的方法来改变自己的拖延行为模式之前，首先要建立一个坚实的基础思维系统，这会使这些方法更有效，使你之后的行动达到事半功倍的效果。这就好像在踢足球和打篮球之前，要先提升自身的敏捷度和力量值一样，这些基本素质得到提升后，接下来的训练对你而言会更加容易。所以，不论你的拖延是出于什么样的原因产生的，以及你在完成任务的过程中究竟受哪一个部分困扰，以下几个事项都需要你好好斟酌。

锻炼自我关怀的能力

如果你下定决心要跟惯性拖延死磕到底，你就注定会犯一些或大或小的错误。在此过程中，你会出现重蹈覆辙、回归旧习惯的情况；你在实践过程中也会有束手无策的时候，甚至会出现精疲力尽、崩溃到无以为继的情况。有些人坚信，当自己陷入这些令人泄气的情况时，通过指责自己能够避免犯错或者增加自己前行的动力。如果你是他们中的一员，不妨问问自己："过去那些自我批评真的能使我更有效率并拥有更多的精力去完成更多的任务吗？"或者说，"难道我只有在制订好并且完美无瑕地执行了计划以后，才能取得成功吗？"

如果你是一名经理，在你想要鼓励自己的下属时，你很可能会选择使用一些友善且充满人情味的话语。对待孩子的时候也一样，当你的孩子犯了错误，我想你肯定会试着尽量温和地引导他们改变自己的行为，而不是粗暴地怒斥他们把一切都搞砸了。之所以我们会运用温和而富有同情心的话语来鼓励他人，是因为这些有温度的语言比责备要有效得多。面对自身的问题时也是同样的道理，当你在自己没能按原计划开始干活、没能按预期完成任务或干活不够快的时候指责自己，不妨尝试着想象一下，如果是你的朋友、孩子甚至是父母遇到了类似的情况，你会怎么和他们交流。记住，我们无法改变已经发生的事情。所以，与其在意那些你曾经没有做到的事情，不如把注意力集中于当下，并思考清楚从当下开始，你能够做些什么。

在自我觉察上下功夫

一旦改变了与自我沟通的方式，你就必须开始培养觉察自我的能力。大部分行为都是惯性行为且是自发形成的，它们常常在我们有意识之前就已经发生了。我们意识不到自己摸鼻子的小动作，甚至有时候，在意识到自己很难回想起来出门后都发生了什么的时候，我们已经开着车在上班的路上行驶很久了。在面对一些类似摸鼻子的小习惯和早晨通勤的小事时，缺失有意识的觉察并没有那么严重。然而，如果你想改变自己的行为模式，那么觉察力缺失就是个大问题，因为如果你意识不到行为的发生，你就无法改变它。

自我觉察能力至关重要，因为拖延行为往往出现得过于突然，以至于你都感觉不到自己已经做出了拖延的决定，一切就好像在一瞬间神奇地发生了。这并不是魔法，只是因为这一切仅仅发生在弹指一挥间——在瞬息之间，你想要去完成某件事并感受到了做这件事带来的不适感，然后，你立刻决定要做些其他事情来摆脱这种不适感。

培养自我觉察能力是一件富有挑战性的事，所以你必须保持耐心并且要学会安抚自己。锻炼自我觉察能力最好的方式之一就是选择一个自己日常会做的小动作，并且尝试着捕捉到自己做这个动作的过程。这个小动作可以是坐下、站起来、抓握门把手或喝一口水。有意识地将注意力完全集中在不起眼的良性动作上，有助于锻炼我们意识到自己正在做或是正在想的事情的能力。经过一段时间的练习以后，你就能够在着手完成某项任务的时候，立刻觉察到自己是否正在找借口拖延或是否被其他事物吸引而分心。

————————————— △ ▲ △ —————————————

当记忆成为值得关注的问题

记忆是一个相当复杂的心理活动。我们每个人都拥有数种不同类型的记忆形式，例如："语义记忆"，即对于事实信息的记忆；"程序记忆"，即对于行为的记忆；"情节或自传式记忆"，即对于人生事件的记忆。每个人拥有的记忆的性质都会随着年龄的增长而改变。在 5 岁之前，人们几乎没有储存关于日常生活的很详细的记忆，但是人们能够记得 5 岁前学会的技能，比如走路、说话，还有一些简单的常识。有一部分记忆会随着年龄的增长而消散，还有一部分记忆则会一直留存在我们的大脑里。

记忆的复杂性还体现在个体的差异上。每个人的记忆都是不一样的，个体整合信息并将其转化为记忆模块的能力、记忆的储存量以及记忆的储存时间都不尽相同。

因为每个人的记忆都具有个性化的特点，所以除了自身以外，没有人比你更了解你是否拥有较好的记忆能力，是否能够记住你要完成的事项。如果健忘是导致你拖延的原因之一，那么使用清单、备忘录、日历或者设置提醒闹钟都可以弥补记忆上的小小不足并帮助你摆脱拖延行为。有些人在列好需要完成的事项的清单以后会忘记查看它，所以你要借助科技的力量来提醒自己不要忘记这些重要的信息。比如，你可以设置手机闹钟或者备忘录，提醒自己在上班以后立刻给客户回电话，当你抵达办公室时，你的手机定位系统就会捕捉到你的位置信息并且立即发出提醒。

拥有明确的目标

我们常常会设置一些很模糊的目标，比如"减肥""花更多时间和朋友们一起交流"或是"少喝酒"。表面上，这些目标看起来对我们的生活及身体健康很有好处。但是，当我们真的付诸行动时却发现想要实现这些目标很难，原因之一就是它们过于模糊。你希望体重减轻几斤？身体的水分流失算在里面吗？万一你的肌肉增加，变得更壮了怎么办？而且由于这些目标太模糊了，我们没有办法用数字衡量它们。这就会导致尽管你辛辛苦苦地使体重减轻了 6 千克，却觉得有些气馁。因为虽然你瘦了，但是你依旧不知道自己是否能够有效地实现瘦身目标。

设定一个明确的目标时，首先要尽可能地使它具体化："做作业"是一个宽泛的任务，而"撰写历史论文"就具体得多。"可度量化"则表示你的目标中要体现具体数字，比如说你计划花多长时间实现这个小目标。"写作"并不是可度量的项目，而"持续写作 90 分钟"或者"写 3000 字作文"才是。"可实现的"意味着你的目标应该比你此刻可以做的事略微有挑战性一些。如果你已经 4 个月没有学习了，那么突然高强度地学习和调研就不是一件容易的事。诸如"一口气写完一篇 8000 字论文"的目标很可能会因为太难而令人没有信心去做，但是类似于"持续写作 30 分钟后休息 5 分钟"的目标却更容易实现。"关联性"表示你所设置的目标需要对你来说很重要，所以好好思考一下你为什么想实现它。例如，你下定决心要集中精力写历史论文，是因为如果这项作业做得好你的学习总评分会提高，整体的平均分也会提高至更有竞争力的段位。最后，设置一个明确的目标需要"有时限"，即你需要给自己设置一个实现目标的截止时间。"撰写历史论文"并不意味着有时限，而"在周三前写完 3 页历史论文"就清晰地指明了截止时间。综上所述，一个针对写论文的明确的目标应该像这样："在周三前写完 8000 字的历史论文，并坚持使用

'写作 30 分钟休息 5 分钟'的模式，从而提高我的学期总评分数，最终提升我的平均分"。

提醒自己"完美时机"并不存在

在第二章中，你应该已经知晓，有时候你会通过欺骗自己"总会出现一个完美的时机让我能够开始完成任务"来拖延。然而为了给克服拖延打下更加牢固的基础、做好充分的准备，你必须要完完全全地摒弃这个想法。

你现在可能感到很疲惫，但是你明天就真的会没有这么疲惫吗？确实，你现在提不起劲儿来干活，但是，在接下来的几个小时里你难道会突然间就干劲十足了吗？也许，你当前的确有更"好"的事情可以去做，你也总是找这样的借口拖延时间。也许你真的是因为手边没有完成这件事情需要的材料或工具才没有行动，但是，难道用你现有的材料和工具就真的无法开始干活吗？虽然你真的没有足够的时间可以用来完成这件事，但是往后拖会让这件事完成得更好吗？

当你突然有很多时间、精力以及动力去等待一个完美的时机奇迹般地到来时，你很可能会永远等待下去。因为，选择等待完美时机会让你反复陷入带着超标的压力在最后一刻完成任务，然后又等待开始下一次任务的最佳时机的死循环里。所以，行动起来吧，不断地告诫自己世界上并不存在"完美时机"，最适合着手做你正在拖延着的事情的时机就是当下。

设置重置奖励

当你要重新开始做一项已经被拖延过的事情时，你会觉得特别不舒服。把洗好的衣服叠整齐并不是什么会带来压力的大事，但是，当这些衣服在沙发上胡乱地堆放一周后，事情的性质就发生了变化。然而，与其花费时间和精力去幻想做完这些未完成的事情的过程有多么痛苦，不如试着想想把它们都完成以后你会多么有成就感。做上报税务的账目时，你会感到很难受，但是当这些税务表都完成了以后，你会感觉棒极了。这种思维模式的转变对于克服拖延来说很关键。

我们的大脑生来就会更容易注意一些负面的、危险的、令人不舒服的信息，这是生存所迫：在火灾警报响起来的时候，将额外的精力全部放在思考如何更快地逃离着火的大楼上，远比欣赏墙画有多么美丽、规划要带走多少财产更能使你获得人身安全。大多数时候，尤其是在这种生死攸关的时刻，我们并不会拖延做那些关系到生命安全的事，因为你的大脑根本就不会让你有机会在这种事情上拖拉。在日常情况下，你可以把注意力从思考逃生路线转移到欣赏美丽的墙画，从思考换床单会耗费多少精力转移到想象如果能躺进干净的被窝里会有多舒适。值得注意的是，你的大脑一定会和你对着干，在你尝试转移注意力的时候，它会使劲把你拉回到那些负面的感受里。你需要花费额外的努力，甚至付出多重努力才能将注意力集中在克服这些负面情绪以后会得到的奖赏上。但是，请你相信，你的一切付出都是值得的。

用积极意义说服自己

有的时候你可能会拖延一些有意思的事情，比如给朋友们打电话或是计划去哪里玩。但是，大多数情况下我们都会拖延那些令我们感到不舒服的事情。当你试图去完成一个客观上来说不如其他事情有意思的任务时，你就需要用一些合适的策略来说服自己好好完成这个任务——列一个"立刻完成任务可以获得的好处"的清单。诚然，完成任务的过程无聊且乏味，令人很不愉快，但是，你大概率还有一些极具说服力的理由来使自己停止拖延。好好想想这些理由有哪些，以及这些理由能够从哪些方面帮助你、改善你的处境或是你的生活，从而使你能够一步步地实现心中的目标。同时，你也需要思考：认真完成任务后，你会得到怎样的情绪上的奖赏？取得了进步后，你又会得到怎样的机会？

不要仅空想那些积极的理由，而是要把它们写下来。书写时，我们的大脑处理信息的模式会和空想有所不同，书写比空想需要耗费的时间更多，而这也额外给了大脑去推敲和完善一个灵感的时间。

制订详细的时间表

在着手克服拖延时，你最需要做的事情之一就是制订一个详细的时间表——你几点起床，在几点吃饭，如何安排你的工作 / 社交 / 学习时间，以及从几点开始逐渐停下手头的工作准备睡觉。一个常规的日程表，可以帮助你的大脑推测出它什么时候能够获得新的活力，这使得它在耗费精力推动着你前进的时候感到舒适一些；它也会帮助你的大脑推测出你何时需要额外的专注力，并且能够及时用额外的荷尔蒙和神经递质刺激你，使你振作起来。

许多拖延者真的很不喜欢制订日程规划表和常规的时间表，有些人甚至直接拒绝做任何规划。拒绝做规划的理由有很多，其中之一就是"不熟悉"，任何不熟悉的事情都令人不舒服。要知道，给生活强加一些条条框框起初确实可能会令你觉得奇怪或是不舒服。然而，就像其他棘手的情况一样，你越是熟悉这些条条框框，执行时就越会觉得舒适。

从源头避免诱惑

你的大脑会储存一部分能量，这是维持生命的策略之一。在食物稀缺的年代，人类会很谨慎地花费自己的精力，因为他们永远不知道自己何时才能获得充足的食物、补充足够的体力。这就是为什么你的大脑一有机会就会鼓励你保存好自己的精力。在现实中，实现目标、克服拖延以及在生活中迈步向前，往往都是相对困难且能量消耗得比较多的事情，所以你的大脑会为了获得能量或保存能量选择不展开行动。

你可以通过尽可能让不拖延变得容易办到，来让大脑的这种倾向机制为你所用。就像家里只有健康食品时，你会选择芹菜条作为零食一样，当你没有机会接触任何使你拖延的诱因时，选择工作自然会变得更容易。试着弄明白你会用什么办法来拖延，然后看看你可以用什么方法消除它们。如果你倾向于通过和朋友一起打游戏来拖延，那么在需要完成项目的时候你就得提前告诉他们你的安排；如果你倾向于通过和伴侣一起看电视来拖延，那你就去图书馆工作或学习。尽可能找到所有阻挡你高效率工作或学习的障碍，并使那些诱惑难以被自己接触到。

现在，你应该知道了克服拖延不是一件简单的事，更不是一件能快速办好的事，但是这是一件绝对有可能实现的事，并且我会继续帮助你。在接下来的 7 章中，我将会着重阐述一些循证策略。你可以利用它们来消除拖延的根源，并养成更好的习惯。学会自我关怀，明确你的目标，并规划、安排好日程，可以帮助你得心应手地将我在后文中介绍的方法落实到行动中。记住，在此过程中将会出现许多挫折和阻碍，所以，一旦你遇到挫折，就进行自我关怀，并铭记采取这种行动能带来的积极意义。

　　你的待办事项清单应该会无限增长，所以搞清楚要从哪里着手完成这些待办事项非常重要。接下来，让我们一起深入了解科学研究领域中确定任务优先次序的最佳方式吧！

第五章

划分优先级：
高效的事项管理让你的任务"化零为整"

克服拖延的第一步就是确定一项当下要完成的任务。这听上去很简单，但是当你着手去做时就会发现这第一步就意外地棘手。理论上来说，待办事项清单上的每一项任务你都需要完成，而在决定优先处理哪一项任务时，大脑会耗费很多精力。我们的大脑会做一些复杂的运算来平衡客观上需要完成的事项、主观意愿上想要完成的事项，以及就自身的精力和资源而言，实际上可以完成的事项。决定"先做这个，再做那个"貌似是很简单就能办到的事，但是实际上，它在神经运算层面相当复杂。在本章，我将介绍一些能帮助你有效确定事项优先级的基础知识，以及能够使你的事项清单变得有序的循证策略。

按需排列，让重压之下的大脑"大解放"

"确定事项优先级"是指将目标、项目或任务，按照重要性、紧迫性排列或评判其完成顺序的过程。在日常生活中，我们常常会判定事务的优先级，但是我们并不总是能意识到自己做了评判。课后，你选择和朋友一起出去玩而不是向教授请教学业问题，这就意味着你将社交生活优先排列在了学业前面。对于某些人来说，由于无法规划好事务的优先次序，拖延变成了一件自然而然会发生的事。但是对另一些人来说，社交是一个合理的优先项——可能他们在之前忽视了对人际关系的维护，于是在某些时候选择和朋友一起共度时光以增进彼此之间的感情。把一项任务放置在比另一项任务更高级别的位置上，这个选择本身并没有错。优先级的选择完全取决于你个人的目标是什么以及你认为应该努力的方向在何处。

确定事项主次顺序

虽然我没看过你的待办事项清单，但是我能够想象到它一定过于冗长了。在一定的时间内，我们的大脑能处理的信息量非常有限，所以你需要将自己的清单削减到大脑可以处理完的长度。理想的状态是，你每天需要完成 1 个或是 2 个，最多 3 个主要任务。超过 3 个对于你和你的大脑来说都是难以承受的负担。

现在，将你需要完成的任务、项目、即将到截止日期的事务、预约处理的事项都列成一个清单。将你的清单集中保存在一个地方，尽量不要把多个不同的清单扔得到处都是。如果你想起有新的待办事项，可以随时把它添加在清单上。现在，你有了一个清单，尝试用以下的循证方法使你的任务井然有序。

1. 艾森豪威尔矩阵

"艾森豪威尔矩阵"由美国总统德怀特·戴维·艾森豪威尔最先提出，而后由斯蒂芬·科维推广开来。据说，这个方法是基于艾森豪威尔总统的一次演讲的内容提出的，他在讲话中引用了一位大学校长的话："我有两种问题，一种是重要的，一种是紧急的。紧急的问题并不重要，而重要的问题也从不紧急。"

制作此矩阵是为了将紧急事项与重要事项完全区分开。对于事项清单上的每一项任务，你都可以将它定义为"紧急的"，即需要立刻处理的;"重要的",即与你的个人价值或是长期目标息息相关的;当然还有"紧急且重要的"以及"既不紧急也不重要的"。它们分别位于 4 个不同的区域。

	紧急的	不紧急的
重要的	立刻完成	排期完成
不重要的	授权他人	清除任务

既紧急又重要的任务要首先完成。这包含了需要立刻集中精力解决、处理的问题或危机。例如,职场或学校交付的临时任务、健康危机、天气原因造成的紧急事件、处理税务、交通事故,或是其他会影响你的收入来源的事情。

重要但是不紧急的任务需要在之后排期完成。注意,千万不要跳过"排期"这个步骤。某些事项会帮助你实现自己的人生目标,但是它们没有确切的截止日期。例如,学习新的技能、减肥、增进人际关系、自我关怀、认真阅读、规划理财或上课外培训班。

第三个优先级区域包含了那些对你来说紧急却不重要的任务。如果可以的话,尽可能将这些任务委托给他人;如果不行,就在完成了前两个优先等级的任务之后再找时间完成这些任务。

类似这样的事务有非紧急会议，大部分的电话、邮件、短信，以及对向你寻求帮助的人施以援手。那些需要你帮助处理的事务对于那些前来请求你帮忙的人来说非常紧急，但是对于你来说并没有那么重要。不过，帮他人解决问题有助于维系你的人际关系，所以如果可以的话，留出点时间来处理这些事情也未尝不可。

最后，那些既不紧急，也不能帮助你实现人生目标的任务排在最低优先级，并且常常需要被删除。比如，尝试参加新的搏击操课程，仅因为你的朋友曾经热烈地推荐过；按照妈妈的推荐，给你的后院安装装饰灯带，尽管你完全不介意后院像现在这样黑黢黢的。所有那些你喜欢但是浪费时间的事情都在这个区域内，包括无目的地刷社交软件、看短视频、购买不必要的物品、看没有营养的电视剧。这些"狡猾"的"任务"甚至可能都不在你的清单上（你完全可以不把它们写上去）。在你又看完一集电视剧以后，你告诉自己是时候给药剂师打电话配新的药了，本质上来说，看电视剧立刻登上了你的待办清单，但是它位列于第四个区域并需要你从清单上清理掉。

2. ABC 分类法

另一种安排事务的方法叫作"ABC 分类法"。A 组包括必须完成的任务。这些都是非常紧急的事情，是需要在今天或是明天晚上完成的级别最高的任务。职场和学校交付的临时任务、处理账单，还有家务琐事都归类在这里。

B 组包括应该完成的任务。和 A 组的任务比起来，这些任务没那么紧迫或是重要，但还是需要你在某个时间段内完成。这些任务还有些分散——它们也许是一些由小任务组成的大项目，其中一些小任务需要尽快完成，但是其余的任务可以晚点再完成。类似常规体检、备餐、家庭聚会，以及规划预算等杂事都可以被分到这个组别里。

C 组包括你想完成，但是并不重要的任务。其中包括装饰出你心目中完美的家、整理照片并装订成册、规划你的下一个假期或学习新的菜系。

在你把事项都分到 A、B、C 这 3 个组之后，你必须保证在做 B 组的事之前做完了 A 组的所有事，在做 C 组里的事之前要保证已经完成了 B 组里的所有事。

3. 设置时间节点

紧迫性是我们决定任务主次顺序的重要依据，因此我们需要知道任务的完成期限，以便判断任务的紧急程度。但是很多任务都没有确切的截止时间。拖干净厨房的地面、做健康检查、给你的外婆打电话都没有截止日期。正因如此，这些事务就会由于你周二有个考试、明天要缴纳某个账单、超市购物卡的折扣今晚截止而被不断延后。

要想防止任务延后就需要给所有事情都设置截止时间，哪怕是你随意设置的时间也可以。如果清单上的任务还有小的分支任务，你需要给每一个小任务也写上期望完成的日期。对于你来说，也许上学很重要，但是因为没有一个确切的获得学位的时间节点，所以你就不断延后毕业时间。先为"收集如何复学的信息"的计划设定一个完成日期，再来决定后续事项的优先次序，最后再设定一个去注册课程的日期。当这些日期都被清晰地确定下来并且都写到你的日历上后，这些日子就会不断逼近。完成这些任务的时间变得越发紧迫，这些任务也不断在优先事项中往前排列。

坚持在自己设置的截止日期前完成任务是一件非常具有挑战性的事情，因为如果你忽略掉这些时间截止点也不会产生任何严重的后果。如果你发现自己忽略了设置好的时间节点，不妨尝试提醒一下自己这些确切的截止时间为何如此重要。相较于在日历"周六早上 10 点"的区域内写下"查找重新注册入学的信息"，不如写"查找重新注册入学的流程——立刻就做，这样我就不会再次错过春季的入学时间了，并且还能向摆脱这个糟糕的工作目标更进一步，而且在今天下午完成以后我还能愉快地去游泳。"

4. 删除无意义事项

不幸的是，我们无法做完我们想做的所有事情，所以我们必须确定将自己的时间和精力花在何处。"修剪"你的待办事项清单，删除那些对实现你的目标没有帮助的任务。

第一步是明确你的目标。也许最先浮现在你脑海中的是和学业或工作有关的目标——可能你想获得学位、升职加薪，或是为了丰富简历而学习某些技能。你可能还在生活中的其他领域里有目标，这些目标也许和慈善事业、政治事务、养育子女、亲密关系、家庭关系、友谊、健康、个人成长等方面有关。请你翻到第四章，阅读更多有关如何确立目标的内容。

当你明确了自己想要专注的目标以后，首先检查你的待办清单，尤其要注意其中是否存在与你的目标不一致的部分。然后，你需要考虑是否删除那些不符合目标的任务。如果你计划花费一整个周末的时间给你的狗狗织毛衣，但是你实际上并没有设定过任何与编织、毛衣或狗狗相关的目标，那就要考虑是不是应该直接给狗狗买一件毛衣。毕竟，如果你能够把时间都挤出来并留给那些对你来说更重要的事情，你完成任务清单的概率就能大大提升。

5. 记录事项耗时

在把那些不必要的项目从清单中删除以后，你就可以根据每项任务需要花费多长时间完成来排列完成次序。在第二章中，我们曾提到过人类预估时间的误差很大。但勤能补拙，你可以分析待办清单，猜测每项任务大约会耗费多长时间，接着根据你有多少空余时间来决定完成任务的顺序。如果你有 30 分钟的空闲，你可以优先做那些需要 30 分钟或更少的时间就可以完成的事情。如果你能够支配的时间有好几个小时，就可以优先选择完成那些相对来说更耗时间的事情。持续地记录完成每项事务具体会花费多少时间，有助于提升你预估时间的能力。如果在很长一段时期内，你估算出的任务耗时都偏短，记得平常给自己预估的时间多加上几分钟，直到你预估的时间变得更加精确。如果在很长一段时期内，你都高估了任务所需的时间，就需要记住每次给预估出的时间减少几分钟。

6. 按照预估后果排列主次

还有一种决定事项优先级的方式是根据完成或推迟完成任务会产生的结果来排序。最优先级别的任务必须是那些推迟后会产生严重后果的任务，比如被领导训斥、跟伴侣吵架、危害自己的身体健康、损失一大笔钱等。接着，你需要完成那些会给你带来轻微后果的任务。比如，如果你延后完成这些任务，有人可能会因此生气；你会遇到小麻烦或需要缴纳一笔数额较小的罚款，也有可能因此失去一些比较重要的东西。接下来的这组待办任务就是"完成了很好，但是不完成也不会带来不良后果"的事项，包括整理你的衣橱、重新粉刷卧室，或是拜访你的邻居等。最后一组待办事项，包括那些"即使被删除也不会带来任何后果"的活动，比如开展一项你不是很感兴趣的新活动或是仅因为朋友在看一个新的电视节目你就开始看。这个组别囊括了所有我们会用来浪费时间的活动，尽管我们深知自己不会把它们写到正式的待办清单上，比如一直打游戏、对着镜子打扮自己、花太多时间看新闻，还有吃零食。你也许没有注意到，吃零食会霸占我们格外多的时间和精力。

7. 按照预估投入精力排列主次

你还可以根据你认为自己会在任务中耗费多少精力来安排待办事项的主次顺序。需要注意的是，我们容易倾向于拖延那些最费力的任务，即降低这些任务的优先级。我们会告诉自己："我没有足够的精力、时间或资源完成这些费力的任务。"于是，我们心安理得地选择拖延。根据预估投入的精力来排列事项主次，并不是简简单单地优先完成那些不怎么费劲就能完成的任务，然后为那些真正耗精力的任务储存能量；也不是先把那些费力的任务都完成以后，再去做比较容易的事情。

相反，这种排列方式是为了在高耗能与低耗能的任务之间找到平衡。每天，选择处理一项高耗能的事务，然后，接下来所有时间都可以用来做那些不怎么费力的事情。这样既可以保证高耗能的任务不会被拖延，还能帮助你确保自己能够更加均衡地输出精力——既避免在最后一刻强迫自己完成一堆高强度任务而消耗自己，也不会在平时只完成容易的任务放纵自己。这既与合理分配你的精力相关，也和分配你的工作量有关。

8. 按照对生活质量的影响排列主次

生活质量体现了你整体的幸福状态，也就是你有多健康、多舒适以及多愉悦。分析并根据每一项任务会如何影响你的生活质量来为待办事项排序。

你需要问问自己："完成这项任务会使我的生活变得更好吗？"

耗费整整一个小时阅读论坛帖子的内容会让你的生活变得更好吗？也许并不会。如果花费同样的时间给你的车换上新的机油会让你的生活更好吗？答案是肯定的。花半个小时的时间为房间选出新的假日装饰会让生活变得更方便吗？显然，这也许会让你的生活更有趣，但不会使你的生活更方便。如果用这半小时训练你的狗狗听从你的指令会让你的生活更美好吗？答案是肯定的。

注意! 在第二章中，你应该已经了解到拖延者会按照自己当下的所感、所想，而非考虑完成任务后的收获或是未来所需排列任务的主次顺序。你需要学着关注长期的生活质量，而不是沉迷于此刻的幸福或是愉悦感。

排列任务的主次顺序是非常私人的事情。只要你的排列方式与你个人的价值和目标相关，那么所有确定事项的主次顺序的方式都没有对与错之分。然而，当你制作好任务清单，并明确了完成任务的主次顺序以后，该做的准备还没有结束。下一步，你需要推动自己逐个完成清单上的事项。所以，接下来让我们开始学习怎样获得完成任务的动机吧!

第六章

寻找动机：
动力和意志力的星火，让氛围"燃起来了"

来到心理诊疗室的患者对我说的最多的话就是："我无论如何也找不到动力去做……我之前非常想去完成它。"尽管我们习惯于耗费大量精力逼迫自己去做那些重要却使自己一点都不愉快的事情，但是像这样强制推动自己完成某件任务并不容易。如果你尝试着克服拖延行为，原本简单又快乐的任务就变成了你将面临的最大挑战。你将激发自己去完成一个更困难、更单调的任务，而不是一个简单又快乐的任务。这并不是不可能做到的事情。首先，让我们来弄清楚什么是动机，及其源于何处，然后我们会了解一些激发行为动力的循证策略。

超越基本生存的独特驱动力

　　动力或动机会帮助我们改变自己以及自己所处的状态或环境。所有动物都有生存动力，这会刺激它们寻找食物、一个可以安全睡觉的地方以及伴侣。

　　与寻常的观点有所不同，动力并非你要么有、要么没有的静态的东西，它会出现，也会消失。所有动物都有动力保证自己获得充足的食物、安全以及取得交配权。但是，本质上来说没有人会每时每刻都渴求获得这些东西。作为人类，我们会被超越基本生存所需的因素推动着前进，但是同样的，我们不会时时刻刻致力于寻求社会的认可、得到速度更快的跑车或更闪亮的珠宝。在某个层面上，动机是指一种在特定时间内，采取特定行动的具体指向性的驱动力，并且现在正在发生的事情能够影响它。举个例子，人们喜欢吃美食，但是当我们在自助餐厅吃得很饱之后，我们就会比肚子空空如也的时候少了许多吃东西的欲望。

就拖延行为而言，动机会与我们的情绪交互作用。比如说，我们有动力去避免疼痛。当我们感受到疼痛时，我们会很想停止我们正在做的事情从而终止疼痛。我们还会有动力去增加舒适和幸福感，这促使着我们去选择做那些简单的、即刻可获得快乐的事，而非做出理性的判断帮助自己实现长期的目标。所以，你可能会在状态好或是潜在感觉良好的情况下感受到动力，而不会在感觉不好的情况下感觉动力十足。

动机与大脑息息相关

动机对于动物的生存来说至关重要。动机与我们的大脑息息相关，每个人都有自己的动机，但是我们不一定能将它引导至正确的方向。就好比我们可能有十足的动力去追逐舞蹈潮流，却无法以相同的热情去给一条裤子缝边。

之所以会出现这样的情况，是因为我们同时拥有多种相互冲突的动机。我们可能会在想要去做一顿健康餐时又想要去遛狗，我们的大脑必须在这两个相互冲突的任务中择取其一，因为我们只能在有限的时间内完成一件事。而动机会帮助我们在某一段时间内，从所有我们能够做的事情中做出抉择。

另一个使我们觉得自己没有充足的动力的原因是，动机随我们的心念的转变而改变。我们告诉自己要吃得健康，但是当我们坦诚地面对自己时，就会发现自己其实仅在脑海中想着要吃得健康罢了。我们的动机随着我们真正的欲望发生改变，而不是根据我们希望自己得到的东西发生改变。我们既不得不在多种竞相出现的欲望中做出选择，又被我们本质上的欲望推动着前进，二者同时作用会使我们难以完成那些必要但是令人不愉快的任务。

关注行为的"推动力"

要想解决自己的拖延问题，你必须先解决动力不足的问题。从心理学的角度来说，动机会将你带到令人舒适的简单任务区，并规避那些让你感到沉重不堪的复杂事情。换句话说，你的动机在鼓励你拖延。回顾你之前在阅读第四章时定下的目标以及你的个人价值，提醒自己将要去往何处。获得动力的关键是全心全意地致力于实现这些人生目标。当你为了继续努力实现人生目标而忍受不舒服的感觉的时候，或者当你在不愉快的日子里仍旧坚定地朝着目标前进的时候，你就会明白，你正在完全地投入实现目标的过程之中。在你减少了一点点投入度时，也许你会问问自己今天到底是进步的一天，还是拖延的一天。每当此时，你都在消耗本该用来完成任务的精力。这将会减少你对于自己能够贯彻执行目标的自信，从而削弱你完成任务的动力，最终导致失败。因此，我们要全心全意地忠于实现目标，随时观察自己的行动，并在解决问题的过程中不断建立自信，且不断激励自己坚持下去。

一旦你决定好要全心全意地付出，你就可以使用本章中的循证策略将自己的努力引导至可产生价值的方向。一开始，你可能并非特别想要去健身房运动、吃芹菜或是记录每周开销。但是当你全心全意地投入并养成新的习惯以后，你的动力就会随之而来。比如，一停止吸烟，你对于香烟的渴望就会大幅度降低，并且会有更强的动力坚持不吸烟。起初，做出更符合长期目标的选择可能会很困难，但一旦你有了动力，这些事情就会变得更加容易。只要你下定决心全心全意投入实现目标当中，更多地关注行为的推动力而非自我的动机，并尝试使用以下方法，你就能够保持追逐目标的动力。

1. 勇敢展望未来

扪心自问：我到底想要什么样的未来？请努力找到内心的推动力。这个问题看似没有必要，但是，正如我在第二章中所述，我们的大脑偏好考虑当下的问题，并且基本上很少思考或忧虑长远的事情。我觉得这能够说得通。如果此刻我无法存活，那么我根本不需要考虑未来会发生什么。但是，当我们幸运地没有经常性地受到生命威胁时，我们理应把更多注意力转移到规划未来上。

　　当你思考自己应该怎样利用时间的时候，请真诚地向自己发问："我想要什么样的未来？"尝试着思考一下，未来的你会希望此刻的你花费半个小时的时间在网站上看开箱视频吗？或者，未来的你会不会更希望这半小时被自己用来给孩子读一本故事书？你可能对于自己想要的未来有一个非常明晰的设想，但是你必须刻意地问问自己，因为你的大脑肯定不会主动地问你关于未来的问题，或用关于未来的答案激励当下的自己。

2. 用乐趣创建行动力

　　很多人用"如果现在做事的话，我就会错过很多乐趣"来说服自己拖延。比如："如果我现在洗衣服，我就会错过和朋友们一起在线玩一个很有意思的网游的机会。"

　　利用这种思维来创建行动力，并将假设颠倒过来，询问自己如果选择拖延的话将会错过什么。拿出你的社交日历，看看上面的安排：本周你将会有一场聚餐、一场读书会、一个约会之夜以及一场音乐会要参加。如果今天无法把项目做完，你就会为了在周五按时完成项目而取消其中一项娱乐活动，如此推动自己立刻把项目做完。

　　如果社交、娱乐活动并不能有效地推动你完成待办事项，那就去看看其他对你而言是一种享受的活动安排。你计划在周六早上去淘古玩，周日去爬山，下周一收看电视节目。那么，如果你现在推迟打扫房间，你就可能会错过上述的某一件事。换句话说，与其用乐趣作为拖延的借口，不如用乐趣作为不去拖延的理由。

3. 即刻展开行动

"记起来了，然后去做"意味着你一想起自己本就打算做的事情，就立刻去做，绝不拖沓。我是说，立刻、马上去做。就在片刻之间，你的大脑将会尝试说服你不要做这件事，因此，在大脑推翻你的决定之前，你必须抓住这短暂的机会。如果你经过厨房，看到一个需要被放进洗碗机里的盘子，不要将这件事加入你的待办事项，而是立刻把这件小事做完。

这个策略会防止一件件小事堆积在你的待办清单上，并且你不用耗费更多的脑力去记住之后要做这些琐事。此外，如果你将它们推迟到晚些时间再做，你就需要额外积累行动力，而这对于处理那些烦琐又乏味的事情来说尤其困难。因此，立刻、马上把琐事做完能够避免耗费你额外的行动力。

4. 在脑海中进行模拟练习

想象力是人类大脑中的一个"秘密武器"。运动员们在上场前通过想象来模拟参加一场比赛；画家们在绘制之前，已经通过想象大致设计出自己想要的画面；棋手运用想象推测出对手的下一步棋子将会落在何处。基本上，进行一次想象就是让你的大脑进行了一次模拟练习，和许多事情一样，练习可以使我们熟能生巧。当你的大脑进行模拟练习的时候，它会产生意图和动机来帮助你贯彻执行真正的任务。

以下是想象力运作的过程：如果，你想从今天开始去开设在你下班路上的那家健身房运动，但是经验告诉你，你更可能会在路上打包完晚餐后，就径直回家在摇椅上躺平。你可以运用想象力在脑海中一步一步描绘出自己是如何完成这项任务的。从最开始的那一步想象——下班后，你走出办公楼，拿出钥匙，点火开车。然后，你把车开到了健身房，停车，走进健身房，在前台登记访客信息，换运动服，运动，回到你的车上，最后把车开回家。花点时间好好想象一下——想象的图景越真实，效果就越明显。通过想象让你的大脑试运行，在某种程度上可以说你是在欺骗大脑，让它认为这是你每天都会做的事情，从而让完成这项任务变得更容易。

5. 捆绑诱惑点

另一个提升行动力的方法是将你不想做的事情，即你更愿意拖延的那些事，和你喜欢做的事情"捆绑"起来。当令你不愉快的事情与对你而言更具有诱惑力的事情间产生关联，我们就可以充分利用自身想要做更多诱人的事情的动机，来鞭策自己完成那些更愿意拖延的事项。这被称作"捆绑诱惑点"，也叫作"冲动性配对"。

在考试季，也许你是一个习惯拖延的人。但是，如果你一直是一个热衷于社交的人，并且你真的很喜欢同别人闲聊，那么不妨建立一个学习小组，将你喜欢的事情（社交）和惯常拖延的事情（学习）关联起来。和学习小组的其他成员一起复习，会比你一个人坐在图书馆里复习使你更有动力。将何种诱惑点与拖延点关联在一起，完全取决于你个人情感方面的需求。捆绑诱惑点的关键在于找到能够立即使你感到愉快的事情，然后将其与不怎么令人愉快但是很重要的事情搭配在一起。社交会立刻给你带来愉悦感，学习可能不会使你开心，但是学习很重要。将两者合二为一，可以促使你利用社交给你带来的动力来完成一项与社交无关的任务。

6. 分析拖延的益处与害处

人脑的大部分动机都是在无意识中产生的。我们在刹那间评估自己的目标与感受，然后在一瞬间决定行动。将这个过程放慢，可以帮助我们做出更加贴近长期目标的决定。花几分钟在纸上写下立即去完成一项任务与拖延行动的益处和害处，而不是仅将其记在脑海里。

有时候，推迟完成任务有合情合理的益处——推迟之后，你可能会得到更多关于学校作业的资料；推迟之后，也许有人会有空来帮助你一起完成任务；推迟之后，天气可能更适合你处理后院里的杂物。评估 4 个象限的每个部分，给你的大脑足够的时间和机会去考量你的短期需求和长期目标。充分且理智地考虑，而非跳到最简单的选项上进行选择。这将为你处理更困难但是更重要的事项建立起充足的动机。

	益处	害处
现在就做		
延后		

7. 给已完成的任务留档

待办清单最关键的特质是永不完结。认真地说，哪怕在你奄奄一息的时候，也仍旧会有一张长长的列满事项的清单等着你去完成。过于关注还有多少事情等待完成，会令人泄气且提不起干劲，但是回顾那些已经完成了的事情，能使人备受鼓舞并感到动力十足。完成任务后在待办清单上打钩或是划掉该事项，并且保留一份"已完成"清单可以给人带来心理上的满足感。花点时间梳理已经做完的工作，是给予自己肯定的一种方式，它能够激励人们向着新任务前进。

8. 时常回顾目标

动机与我们的欲望息息相关。但是有时候，我们会忘记自己真正想要的是什么，因为我们还有其他想要的东西。也许你想要还掉一些债务，但是你同时又想要给露台添置一件新的家具。花点时间提醒自己，你的目标到底是什么，以及自己真正想要的到底是什么，这非常重要。

要将任务与你的人生目标联系起来。也许你当前的任务是读这本书，而阅读本书与"战胜拖延"这个更大的目标彼此关联，这又将推动你实现人生目标，顺利毕业并取得学位，赚得更高的工资养家糊口。或者你当前的任务是拖地，这可以与"教会孩子们如何处理家务"这个更大的目标联系起来，从而帮助你实现"抚养出有责任心的孩子"这一人生目标。

在某些方面，待办清单上的每个足够重要的任务都应该和你的个人目标有关联。我们的大脑不会自动地将这些点联系起来，因此，花点时间弄明白它们之间的关系，能够使我们有更大的动力去完成那些看似平凡的任务。

你已经知晓该如何排列待办事项的主次顺序以及如何获得完成待办事项的动力了，现在，是时候真正开始完成这些任务了。请你做好心理准备，因为这无疑是最难的一关。尽管这做起来可能会很困难，但你一定能够完成这些任务。接下来，让我们一起来探讨你该如何开始完成任务。

第七章

展开行动：
跨越"想做"与"做"之间的鸿沟

你也许想象不到，朝着既定目标"迈出第一步"会是一件如此困难的事情。在此之前，你可能会认为"我们一旦下定决心去做一件事，应该很自然地能够做到"。但此刻，你发现事情好像和预想的有些不同。正如你所发现的那样，朝着既定目标迈出第一步并不是一件容易办到的事。值得庆幸的是，心理学家已经发现了很多关于"朝着既定目标迈出第一步很难"的原因。弄清楚是怎样的心理障碍在阻挠我们前进后，我们就可以有选择性地使用一些策略来跨越这些障碍了。在本章中，我们将一起探讨与"开始完成任务"相关的循证策略。

迈过"万事开头难"的门槛

万事开头难，对于拖延者而言更是如此。涉及启动任务的大脑运作机制往往不甚发达，因此当拖延者试图开始完成一个新任务时，他们明显会处于不利地位。以纳撒尼尔为例，在他的第二个孩子出生以后，他们居住的房屋空间就不够用了。显然，建造一间新卧室对纳撒尼尔来说迫在眉睫，因为他对确保孩子在成长过程中比自己享受到更多特权这件事十分重视。但是，纳撒尼尔就是没办法着手做这件事情。纳撒尼尔最初的目标是在宝宝出生前将卧室建好，可是直到宝宝会走路了，纳撒尼尔仍旧没有开始建造新卧室。

当纳撒尼尔尝试开始建造新卧室的时候，他发现建造卧室的整个过程杂乱无序，他被这件事情本身的庞杂性吓到，又因为扩建房屋的责任全都压在他一个人身上而感到很不满。为了从这些情绪中得以喘息，他推迟了建造新卧室的计划，肆无忌惮地沉浸在玩手机的快乐中——因为这能让他感到轻松、游刃有余。接触一项新任务，哪怕是相对而言使你感到更有把握的任务，都将引发一系列负面情绪：你可能会觉得不确定、没有耐心、被吓到、感到精疲力竭、迷茫，或是不舒服。在开始做这些事之前你还会感到迟疑，担忧自己会犯错，没有时间放松、休息，以及如果你把任务完成得很好，他人会对你抱有更高的期待。在你开始行动前，需要给这些情绪和想法留出空间，并制订计划。

和你的负面情绪"谈谈心"

开始行动的关键点之一就是认识到这并不是一件容易的事情。等待"天上所有的星星都排列整齐""建造一个新卧室成为世界上最重要的事情"的时刻没有任何意义。我们必须诚实地面对完美时机并不存在的事实，并且在面对困难的时候，制定出管理杂念和情绪的方案。

我们之所以会感到开始行动很艰难，是因为我们没有下功夫研究应对情绪的策略，而是忽视那些复杂的心绪，假装它们不存在。忽视情绪，就像房间里有一只飞来飞去的蚊子，而你选择视而不见。可事实是，即使你选择忽视，这只蚊子仍旧在房间里，并且很可能会咬你一口。如果你不能承认这些情绪的存在并妥善处理它们，你的情绪将会继续干扰你的行动，并最终引发你的拖延行为。但是当你将管理情绪视作克服拖延的重要一环时，你就可以使用下文介绍的循证策略来使你的任务顺利开展。

1. 捕捉消极想法

这个策略是"认知行为疗法"的基石之一。认知行为疗法是目前被广泛研究的循证心理干预措施之一，它几乎适用于治疗所有有关心理健康的病症，不论是抑郁症、焦虑症还是多动症。本策略的关键是将那些导致你无法开始工作的消极想法全都"抓"出来——这是我最喜欢使用的策略之一，因为能够用来"抓"出它的证据非常充足。建议你把这个方法用荧光笔标记出来，并在它旁边画上几颗星星，然后不断练习使用这个方法。

尝试开始完成一项任务的时候，你会产生哪些阻碍你真正开展行动的消极想法？

比如：

● 我太累了／太焦虑了／太难过了／压力太大了等，所以做不了。

● 我可以明天再做。

116

- 反正我已经不能准时完成这件事了，为什么我非得现在做呢？
- 这件事并没有那么重要，所以我决定等等再做。
- 我没有足够的时间来完成这件事。
- 等我把手头上的这件事做完，就立刻开始做那件我本该现在做的事情。
- 我就是不想现在做这件事。

你需要找到这些想法并尝试研究它们——假装自己是一个科学家，像对待科研课题一样对待这些想法。然后，做一个实验看看这些假设是否成立。

假设： "我今晚实在是太累了，所以我无法填完这个工作申请表。"

支持假设的证据： "我今天起得很早，还参加了好几场会议，而且我的孩子们今天格外地调皮捣蛋。"

驳倒假设的证据： "反正接下来的几个小时内我都不打算睡觉，并且需要填写的大部分内容都是不需要费脑筋的个人信息。尽管很疲惫，但是我依旧能够把生活中的许多事情都处理得很妥当。"

最后，将你在这个过程中的体会总结成对于原有假设的回应。

理性的回应："我确实很累，但是这并不代表我现在不能开始填写工作申请。而且，即使我在生活中经常感到疲惫，可我依旧能把很多事情都完成得很好。"

最初，你听到自己说"我太累了"，于是你接受了这个事实，进而开始拖延。使用这个策略的重点在于找到你心中出现的那些无益或消极的想法，去挑战它们而不是选择忽略，并且去验证它们的真实性。大多数情况下，你都会发现那些用来拖延的借口存在明显的不足。

2. 使用顺向或逆向日程表

你应该已经清楚地知道什么是日程表了——其实，它就是一份时间安排表，列明了一系列你计划在某个确切的时间点去做的事。心理学家的研究表明，预定好处理时间的任务比起那些没有预定好处理时间的任务更有可能被及时处理。所以，如果你在安排任务或设置目标时过于灵活和随心所欲，会导致你产生拖延行为。为缴纳各种费用、打开邮箱、预约医生或安排社交活动确立一个明确的时间点，能够极大地提高你真正开始完成这些事务的可能性。你可以使用计划本、备忘录或日历小程序来规划日程，并设置好闹钟或预设提醒来提示自己坚持按照原本规划的时间行事。哪怕是不需要在确切的时间点完成的活动，比如购物，你也可以为了让自己更好地完成日程规划，尝试给这种没有时间要求的事情设置一个处理的时间点，例如周六早上11 点。

对于安排日程，大多数拖延者常常唯恐避之不及，所以我在这里介绍一种替代选项——逆向日程表。从将你生活中所有要做的琐事都提前规划好开始的时间入手，利用逆向日程表给你的工作、课程学习、常规预约事项、睡眠、饮食、每周四的酒吧活动以及任何你日常会做的事情都安排好时间。在所有被安排好的事情之间，存在一些空白的时间段——这就是逆向日程安排任务的位置。这些留白的时间段是完成那些你正在拖延的任务的大好时机。通常，这些留白的时间段都悄然流逝了——我们常在留白的时间段看电视、玩手机、跟同事聊天，或打了个盹。但实际上你可以好好利用这些"碎片化时间"，着手完成那些被拖延的任务。将这些日程表与你的待办事项清单放在一起，见缝插针地将任务安排进留白时间段，利用这些空白时间来完成待办事项清单上的任务。

3. 分解艰难的任务

开始去完成一件复杂的或是使你感到压力大的任务尤其困难。"复习历史知识""为搬家打包行李"或"体重减轻 11 千克",这样的任务都太艰巨了,以至于它们必然会给你带来极端的忧虑情绪,拖延便会紧随其后。"分解"任务指将一项大任务分成许多小的组成部分,并且一次只完成一小部分任务。举例来说,假如你的任务是"为搬家打包行李",那么你可以将这个大任务分解成打包每个房间的行李,再将打包每个房间的行李分成更"小块"的任务:收拾卧室的衣橱、收拾床底下藏着的杂物、打包床头柜上的物品、将梳妆台上的用品都整理到箱子里去。当你将墙上的装饰品打包进袋子里装好,"收拾卧室的行李"这一块任务就完成了,随后你就可以继续开始进行"浴室行李打包"的任务了。每一个房间以及该房间的每一块区域都可以看成一块任务区。

4. 保持势头

"势头"是起步时强有力的动力源。让球滚动起来往往很困难,但球一旦滚动起来,就很容易保持运动状态。在你完成一项能够令你干劲满满的任务后,迅速开始处理另一项你一直在拖延的事务。最理想的状况是,两项任务能够在某种程度上有所关联。

比如，你一直拖着不去健身房健身，你就可以从拉伸筋骨或遛狗开始做起，接着利用活动身体带来的势头，立刻投入更耗费精力的运动中去。

使用这个策略的关键点是要能够区分"耗费精力的活动"和"激发活力的活动"。如果你不确定什么样的事情能给你带来动力，不妨在开始处理日常琐事前和完成日常琐事后，观察一下自身的能量状态，记录并对比一下能量变化。你也许会对结果感到惊讶，因为很多看起来为了"放松"而做的事情——比如看电视、刷社交软件——实际上并不能给我们补充精力。能够补充精力的活动包括散步、和孩子或宠物一同玩耍、锻炼以及做义工。可以利用这些真正能够补充精力的活动带来的势头，将自己过渡到那些更耗费精力的、不断被拖延的任务中去。

5. 选择优先事项

从一件复杂任务的最简单的部分入手，或是从众多任务中最简单的任务入手，逐步完成自己的待办事项。一旦完成了相对容易的任务，克服了最低程度的不适感以后，你就能够向自己证明，你已经准备好通过完成一项稍困难的任务来克服更高程度的不适了。这样的模式尤其适用于完成待办事项清单上耗时短而简单的任务：把碗筷放到洗碗机里、查收邮件或更换一支新牙刷。只要你完成了这些任务，你就能够获得动力去完成更复杂的任务。

你还可以采用选择相反的策略：优先专注于待办事项清单中最难的部分。如果你一直因为某件事感到恐慌，那么把这个不适感的源头消除了，就能使清单上的其他任务看起来更好完成一些。这个策略尤其适用于完成清单上那些可以快速完成却让人极度不适的任务：打扫厕所、打一通会使你感到纠结的电话，或是在烈日下到邮局排队寄挂号信。但是，一旦完成了这些任务，你就有更多去完成更简单任务的信心了。

6. 设置时间限制

我们常常会用与"如果现在把这些事情做了，我将会错过其他更有趣的事情"类似的借口来逃避完成任务，你可以通过限制自己在该项任务中投入的时间来克服这种想法。设置特定且具体的时长限制至关重要。如果你决定要在特定时间段内做某件事情，那么你就必须要在这段时间内专注做这件事，持续的时间不能少于设定的时长。你需要对自己说："我已经决定了要在 15 分钟内做……我将会履行诺言。"如果此时有一个隐隐约约的暗示出现在你的脑海里，如"你不能把自己欺骗到这个地步！"并且你开始打算在特定时间段过后再继续做事，那么你将会很难开始行动。

按照计划在一定时间段内完成某项任务，然后继续做你本来会拖延的事情。工作 15 分钟看起来微不足道，似乎起不到任何作用。但是，和之前比起来，你还是多工作了 15 分钟，况且在这注意力高度集中的 15 分钟内能做到的远比你想象的多，例如走一段路、阅读 9 页书、洗碗等。

7. 设定 5 分钟的任务时长

还有一个和限制时间有关的策略是：只花 5 分钟做一件事。再强调一次，对于每分钟有多长的体会是主观感受，你可以选择一个可控并且你可以保持耐心做同一件事的时间长度。和"限制时间"的技巧相比，"只花 5 分钟做一件事"策略的不同之处在于，本策略允许你"刷新"你的时间。在着手完成待办事项时，你可以先在某件事情上只花 5 分钟，5 分钟结束后，你可以选择为这件事情开启下一个 5 分钟，或者切换到下一个任务。你有权利选择坚持做这件事，直到你觉得想要停止或切换到下一个任务为止。起初，你也许只能忍受 5 分钟，但是随着你在完成任务的过程中不断使用这个方法，你将能够延长花费在困难的、枯燥的或令你不舒服的任务上的时间。一旦第一个 5 分钟转动起来，你会惊喜地发现坚持做某一件事变成了一件比想象中容易得多的事情。

和"设置时间限制"技巧一样，这不是通过蒙骗自己从而使自己花费更多时间干活。该策略的关键在于你需要下定决心在一件事情上花短短的 5 分钟，并在 5 分钟以后给自己一个真正可以放弃任务的机会。

8. 回顾你的遗憾

我们都有一个长长的悔过清单——喝多了给前任发消息、冲动地去文身、没考虑清楚就建立起亲密关系等。但是生活中有些事情是你即使重复做了很多遍也不可能感到后悔的，比如去公园散步、和你所爱的人多待一会儿、吃一顿营养均衡的饭、感谢某个人、回收利用废品、多喝热水、保持锻炼……这个清单很长，几乎看不到末端。

你知道还有什么是你着手去做了之后绝对不可能后悔的事情吗？

开始去做某件你一直在拖延的事情。试想一下：你曾有多少次因为提前完成了某项任务、为某个考试多复习了一些知识或是为提前开始处理某个大项目而感到后悔？现在，请你反过来想想：你曾有多少次因自己选择了拖延而感到后悔？我想，你一定经常因自己的拖延行为感到愧疚、懊恼，这就是最开始你为什么会选择阅读本书。学习这种思维模式，并且记住"人几乎不会因为提早开始处理或完成某件事而感到后悔，但是，人很容易因为拖延并最终导致某件事开始得太晚而后悔"，这样的心态会帮助你跨越"难以迈出第一步"的障碍。

即使你已经开始做一件事了，你可能还是会很容易转移注意力。这就是为什么你要面对的下一个挑战是专注于手头的事情。让我们一同挖掘可以使你长时间在某一件事上保持专注的方法。

第八章

保持专注：
深度聚焦不是束缚，而是自由

到这里为止，你应该已经学会了如何排列事务的优先级，你能够让自己全心全意投入实现目标的旅途中，并激励自己前行，并且你已经迈出第一步去完成你想要完成的任务了。现在，是时候去挑战下一个目标了：保持专注。让人感到意外的是，这将会是整个旅途最艰难的一个部分。在你努力地让自己动力十足地踏上旅程以后，你的视线仍旧会很容易从目标上转移。某些特定人群可能会比其他人更容易分心，就让我们从探究"为什么保持专注对于一部分人来说是个大难题"开始，进一步了解可以帮助他们提高专注度的循证策略。

专注力助你实现效率突围

就像许多人的工作内容一样，格蕾丝的工作中也有许多无聊又枯燥的文档需要制作。并且，保持专注对格蕾丝来说尤其困难。在某些时刻，格蕾丝的浏览器中有 18 个被打开的网页，而好奇心使她在每一个网页上都耗费了时间，最终造成了几个小时的时间损失。原本，格蕾丝每天只需要花 1 小时专门处理文件，结果这件事却几乎耗尽了她所有的时间。在文书工作上花费的时间越长，她就越能明显地感受到身心俱疲，并且愈发难以集中自己的注意力。毋庸置疑，这是一个残酷的死循环。

简而言之，专注力就是你可以将所有的注意力都集中在一件事情、一个想法、一项任务甚至某种感知上的能力，并且能够忽略掉自己在同一时间内感兴趣的所有其他事情。

难以专注地去做一件事，几乎是所有的精神健康问题都会引发的症状之一。当人们陷入抑郁或焦虑时，脑部的变化将会干扰他们的专注能力，这使得读书、和朋友聊天甚至是看电视节目等稀松平常的简单活动对他们来说都尤为困难。但是，难以保持专注这一问题在多动症群体身上尤其显著。多动症会使人变得健忘、容易丢三落四，并且轻易就会被其他因素干扰或是转移注意力——以上种种现象都导致保持专注变得十分困难。

让专注力带你进入最佳状态

虽然难以保持专注与大脑机制出现问题有关，但是并不代表这些问题是永久性的或是只能依靠药物解决的。就像持续锻炼肱二头肌能够强化你的手臂肌肉一样，刺激大脑有关集中注意力的区域能够帮助你提升集中注意力的能力。对于包括多动障碍群体在内的受精神障碍问题困扰的人群来说，经过专项锻炼以后，专注力可以被提升。但是，你不能指望偶尔锻炼一下肱二头肌就能够变强壮，你需要重复练习并且逐渐加大训练强度才能真正增强肌肉的力量，提升专注力也一样，不断挑战自己、提高注意力至关重要，你需要重复进行专注力训练，并且随着时间推移，逐渐增加注意力训练的时长和强度。

秉持以上原则，我将会在本节介绍一些帮助你找到并保持注意力的策略。这些技巧将会帮助你找到自己在一天中注意力最容易集中的时间，学习如何使自己参与一项任务的时间更长，从而使得你有机会锻炼自己的大脑，并提升自己的专注力，不断增加注意力保持的时间。但是在我们开始之前，我需要强调，保持专注力的核心是拥有一个健康的身体。疲倦、饥饿、营养不良都会妨碍注意力集中，影响专注力水平，所以你需要保证自己每天都拥有充足的睡眠、每天坚持锻炼身体，以及每餐遵循健康饮食的标准用餐，从而让你的大脑为顺利开展任务做好准备。接着，你可以尝试利用以下这些干预措施来培养自己的专注力。

1. 明确专注时机

人的专注力以 24 小时为一个循环，这样的循环被称作"昼夜节律"。你的昼夜节律会影响很大一部分生物本能活动，包括睡眠、胃口以及身体温度。你的注意力也位列其中。对于大部分人来说，注意力在半夜以及清晨最差，正午时分会逐渐好起来，下午和晚上最佳。

但是，昼夜节律存在个体差异，所以判断自己的注意力何时最集中非常重要。即使你并不觉得自己在早上状态比较好，也请你尝试着去感受并记录自己在早晨的注意力状况，并在一段时期后评估自己早晨的注意力究竟如何。昼夜节律会随着年龄增长产生变化，所以，即使你在上大学的时候不能在早晨集中注意力上课，也并不代表你现在仍旧是这样。

一旦你知道自己在一天中的什么时候注意力最集中，就可以将最耗费精力的任务安排在这个时间段之内，比如阅读、缴纳各种费用或是学习一项新技能；而叠衣服、跑腿、和别人一起玩等并不需要耗费你那么多的注意力，所以将它们留到一天中你的注意力最难以集中的时间段完成。

2. 调整所处环境

除了确定好注意力集中的时间段，选择使注意力更容易集中的地点也很重要，因为我们的大脑对环境十分敏感。这就是为什么你会在钻进被窝的时候感到困意，会在去游乐园时候感到兴奋以及会在集市上对着煎饼垂涎欲滴。当你的大脑处在与放松、娱乐相关联的环境中时，它会更容易转移注意力，并且抗拒专注于某一件事情。同理，如果你的大脑处在与严肃、需要集中注意力处理的工作有关的环境中时，它会倾向于帮助你保持注意力。

利用大脑的这个工作特点，在下次专心致志工作前布置出一个能让你集中精力的空间。如果你在家也能很好地工作，可以在家里开辟出一个办公室或者是设计出一个专门用来集中注意力工作或学习的区域；如果你在家工作时效率不高，不妨尝试去其他工作地点工作——图书馆、咖啡馆，甚至公园，都能作为培养专注力的绝佳场地。在你决定好工作地点的时候，你要考虑到这些环境中可能存在的诱惑——如果你很容易被琳琅满目的书籍吸引注意力，那么图书馆就不是你的最佳选择；如果你一听到"八卦"注意力就会立刻转移，那么你在选择地点时也许要避开咖啡馆。如果你不得不在杂乱的办公室里工作，就需要调整你的个人工作环境，使它更利于你集中注意力。同时，尽量选择靠墙的办公座位，避免坐在办公室的中心区域工作。你还可以在你的办公桌周围竖起尽可能高的隔板，并且尽量减少工作区的装饰品和杂物。

想办法在工作区域设置醒目的标志，以时刻提醒自己记住目标。例如，制作一个愿景板，粘贴写有提示性语言的便利贴，或是在桌前贴上照片来提醒自己复习这门考试的重要性。理由可以是这门考试能够帮助你取得学位，使你能够找到一份好工作，继而能够养活自己或是供养家庭。任何理由都可以，重要的是这些用来警醒你的理由对你来说意义重大。

3. 移除干扰物

管理好那些会影响专注力的东西，是你能够集中并且保持注意力的至关重要的一环。你应该已经知道那些显而易见的干扰必须被消除，比如喧闹的人群、播放有趣节目的电视机，还有最流行的游戏——如果室友在你旁边打游戏时外放音效且不时大喊大叫，你肯定无法集中注意力去完成物理作业。除此之外，将那些不容易被意识到的干扰物移除很重要，比如把你的猫咪关进笼子里、把你的手机放在另一个房间、暂时取消电子邮箱的来信提醒以及将零食放在稍微隐蔽些的地方，主动离开嘈杂的环境也非常重要。总之，想要消除干扰，你首先要找到真正让自己分心的因素，这就需要你回顾我们在第四章中学过的自我认知能力的话题，并尝试运用相关知识。接着，调动自己的创造力，巧妙地保持自己与干扰源的距离。以下是几个供你参考的策略。

关闭你周围所有不需要的电子产品，例如手机、电视、电脑，因为你的大脑会被这些屏幕的光线吸引，你也将因此分心。将你的手机设置成飞行模式，这样你就不会因为突然打进来的电话、接收到的短信或突然弹出的系统通知而分心。如果你担心会错过紧急且重要的电话，可以开启手机的"免打扰"模式并将其设置为最亲近的家庭成员或是爱人能够打进电话的状态。你还需要提前告知这些家庭成员，你当前正在处理一项很重要的工作，让他们只在遇见最紧急的情况时给你打电话。

邮件是最不易被察觉的干扰源，所以在你工作的时候，最好使用收件箱的静音功能或是其他类似的能够暂时关闭邮件提醒的功能，防止受邮件干扰。如果你用电脑工作，最好使用软件或小程序屏蔽那些容易使你分心的网页；如果你并不需要使用网络来帮助自己完成任务并且你又发现自己很容易因网络分心，那么你可以选择直接切断网络或是暂时关闭无线网络连接。

4. 记录干扰项

即使你将环境中的干扰物移除得很彻底，你仍然有可能因为自己的某些天马行空的想法而分心。如果你发现你的思绪正在拉扯着你的注意力，尝试一下"分心延迟"——一个用来锻炼你的大脑长时间集中注意力的小技巧。

提前决定好在下个休息间隙到来前，你想在这项任务上专注多长时间。例如，你决定花费 15 分钟集中注意力处理某项任务，在这 15 分钟里，把所有干扰注意力的因素都写下来。这些有可能是你的想法或灵感，也有可能是你需要去做的事情。比如说，在复习历史考试的知识点时，你突然有了宁可在沙漠中饥肠辘辘地走路也不想复习的想法。接着，你意识到自己在回忆某部电视剧所有的剧集是否全部上线了，紧接着，你沉浸在这部电视剧的最佳片段视频集锦里无法自拔。不要立刻跟着干扰你的想法走，而是要将复习过程中出现的那些困惑、灵感、待办事项或其他的干扰点立刻记录下来，然后在你复习完后，再去回顾这些记录。分心延迟会帮助你持续专注于你目前正在做的事情上，并训练你的大脑集中注意力的时间更长。

5. 善用声音

降低外部的噪声，比如电视的声音，从而提高你的专注度。对于那些你无法控制的声音，比如你的室友在隔壁聊天的声音或狗吠声等，你可以尝试使用带有降噪功能的耳机，以降低它们对你造成的影响。

在你屏蔽掉一些声音后，试着添加另一些声音。没有规律的噪声会分散你的注意力，而有规律的噪声则被许多研究者证实可以提升听者的专注度，例如白噪声或粉噪声。我们的大脑处理音乐的过程与处理其他声音的过程有些不同，所以你可以在工作时听一些你喜欢的音乐，利用音乐的节奏和音乐为你带来的活力提升你的专注度。除此之外，播放一些轻音乐，比如丝竹之声、古典音乐等，它们可以在你处理一些任务时，帮助你减轻焦虑并保持注意力。除此之外，那些更加有动感、韵律感的音乐，比如高科技舞曲或其他类型的电子舞曲，在某些任务中可能会对你更有帮助。你可以在处理任务的过程中尝试听不同种类的音乐，并找出哪一种类型的音乐最适合你。

双耳节拍类音乐也能够帮助你增强注意力。双耳节拍音乐是一种使收听者的双耳同时听到不同声音的音乐，即一只耳朵只能听到一种声音。由于其中一种声音会比另一种声音略高一些，所以听者会产生同时听到 3 种声音的幻觉。这听上去似乎很神秘，但是，有研究证明双耳节拍音乐会改变听者大脑处理信息的模式，能够帮助一部分人增强注意力、提高专注度。科学家们也在尝试分析双耳节拍音乐到底如何对人们的专注度产生影响，以及在什么条件下、在什么样的人群中能够产生影响。根据现有的研究成果，我们能够知道这是一种很舒缓的音乐，能够让大脑冷静下来并提高收听者的专注力。在听这种音乐时，记得要使用耳机，确保你的两只耳朵能够同时听到不一样的声音。

6. 设置休息时间

人的注意力是有限的。在开始做一件事不久之后，你可能就会开始分心。当发现自己开小差，有些时候你能够强迫自己重新集中注意力。但是随着时间的推移，注意力集中的时长会越来越短。适当的休息能够帮助大脑恢复活力，并补充在保持专注时耗费的能量。允许大脑放松片刻，会更容易再次集中注意力并保持专注。你可以这样设置休息时间：每工作 15 分钟、休息 3 分钟为一轮，连续执行 3 轮后休息 15 分钟，如此循环。在休息时，你可以做一些增加大脑供氧的活动：深呼吸、开合跳或快速冥想都有助于提高专注力。

如果你刚开始无法集中 15 分钟的注意力，可以降低这个练习难度。如果你只能集中 10 分钟、5 分钟甚至 1 分钟的注意力，那么，就从你能集中注意力的最短时长开始练习，时长结束后进行短休息，"短休息"具体的时长差不多是集中注意力时长的 20%；结束休息后，再继续新一轮练习。

休息时间结束后再回到任务上可能会有些困难。可以给每次休息时间计时，提醒自己要及时回到工作中。

7. 应用计时器

计时器是帮助你集中精力的好工具。像我之前提过的那样，你可以用它来控制休息时长，同时你也可以利用它来建立自我意识，判断自己是否已经将注意力集中在任务上。在设置好的时间段结束时，你的计时器会响起，提醒你检查自己是否专注于完成任务。也许，你刚开始填写一份工作申请表，但是过了几分钟以后，你又开始浏览一个与任务完全不相关的网络论坛。当你的计时器响起时，你就知道是时候回到手头的任务上了。让计时器有规律地响起，有助于阻止那些干扰因素分散你的注意力，这就意味着你能将更多时间花费在你的目标上，并有望取得更多进展。

在确定计时器多久响一次的时候，你需要考虑你多久会分心一次。先推测一个合理的、你可以集中精力的时间长度，比如 15 分钟。接着，闹钟响起了，如果你发现自己已经分心了几分钟，你就可以在下一个循环中缩短闹铃响起的间隔时间；如果在闹铃响起后，你仍旧专注于完成任务并且注意力一次比一次集中，那么你就可以试着延长间隔时间。你可以使用老式厨房计时器，因为它们设置起来很容易，而且也不会像你的手机一样轻易地让你分心。

8. 留出准备时间

在你开始专注于完成某一项任务之前，留出准备时间十分关键。在你开始处理待办事项之前，设置 5~10 分钟的准备时间，在这段时间内你需要准备好完成任务的空间、安排好完成任务的时间，包括调整你的工作环境，移除外部干扰项，在纸上写下完成过程中产生的干扰因素，设置好你选取的白噪声、音乐，并拿出你的厨房计时器。

随后，写下你完成这项任务的计划，比如你特别想要实现的目标是什么，以及为了实现这个目标你将会怎样去做。如果你计划开始学习，那么你就要决定好具体学习哪些课程、需要哪些资料，是学习新知识还是复习已经学过的知识。如果你要缴纳各种费用，那么你要列出一个需要缴费的项目清单。如果你要修理房子的某些结构，那么你要做一个修理计划，并试着列出在修理过程中你需要的所有工具。

花费几分钟厘清你的时间表，打造出有助于提高注意力的空间，这样能够让你在开始工作后将精力集中在任务上。

现在你已经学会了许多被证实过有效的技巧，它们能够帮助你调动注意力并且将精力集中在实现你的目标上，这些都是如对症下药般对付拖延行为的策略。在完成任务的过程中管理好自己的情绪同样重要，比如控制无聊、闷闷不乐、痛苦或恐惧等情绪。这些情绪使我们想要逃避那些重要的任务，并让我们最后感觉更加糟糕。接下来，让我们继续学习一些关于克服逃避的技巧。

第九章

克服逃避：
活出不畏惧的人生

虽然我们已讨论过那些让你拥有动力并能够保持专注的策略，但事实上你需要两套技能来帮助你立刻开始行动：其一是行为技能，能够帮助你采取行动，比如我在第七章中提到的那些内容；其二是情绪技能，能够帮助你处理开始做一件事时产生的情绪。同时，情绪技能还能够帮助你克服逃避，而这正是产生拖延问题最核心的因素之一。

有时候人们是在逃避任务，有时候人们是在逃避做出决定，而更多时候，人们是在逃避情绪感受。不论你是出于什么样的原因逃避任务，本章节介绍的技巧都能帮助你克服逃避心理，从而推动你朝着目标进发。

为何恐惧如影随形

　　拖延的根源就是逃避完成任务或推迟做决策，因为它们在某种程度上令人感到不适——单调乏味、挑战性过高、太杂乱无章、令人感到恶心、使人望而生畏、令人难以理解或让人觉得孤单。实际上，拖延更多是为了逃避负面情绪而非任务本身。

　　这些情绪会在两个时间点滋生：当我们付诸行动、正在完成任务的时候，以及当我们设想自己正在完成任务的时候。因为我们想要将不适感降到最低，所以有时候我们会将逃避当作处理情绪的一种方式。比如，如果我决定今晚不给狗狗洗澡，那么当下我就会有种解脱感，因为我不必再去纠结要不要给狗狗洗澡。我知道今晚自己会过得很轻松，因为我不需要去做这件麻烦的事。

　　逃避行为在焦虑群体中尤为高发。你的大脑之所以会使你规避一切使你感到害怕的事物，是因为它会假设你害怕的任何东西都有充足的理由来威胁你的生命。远离这些事物就意味着拥有生的希望。但是，焦虑者逃避的最主要的感受是不确定性。如果不采取任何行动，不改变任何事情，那么不确定性就会被削弱，而焦虑感也会随之减轻。在抑郁症群体中，逃避行为也很常见，因为维持现状、保存精力，并且逃避做决策可以极大地降低将来后悔的可能性。

米娅的惊恐症频繁发作，并且她非常恐惧自己会不由自主地在未来的某个时刻触发这个症状。为了寻找避免惊恐症发作的简单方式，她选择规避一切可能会引发惊恐症的活动，如去会员人数较多的健身房锻炼、与客户面谈、在高速公路上开车。她的工作与生活都变得很不健康，她不仅错过了拓展生意的机会，并且还因为绕远路耗费了很多时间。即使米娅已经知道治疗能够帮助自己规避潜在的惊恐发作的危机，但她仍然选择逃避治疗自己的惊恐障碍。医生在治疗方案中提出，米娅必须做自己害怕做的事情，比如在高速公路上开车。要想克服惊恐障碍，米娅不仅需要学会面对并应付惊恐发作时的症状，更重要的是，她还要学着面对惊恐症可能会发作带来的恐惧。

根深蒂固的犹豫不决心理

犹豫不决是逃避行为的一种特殊形式。在这种情况下，当事人并非在逃避任务本身，而是在逃避做决定。有时候，延迟做决定是至关重要且精明谨慎的：你可能会在未来获得更多信息，或者你可能会从一位很希望向你推销成功的业务员那里得到一个更实惠的价格。但是当你已经拥有所有的相关信息，却选择不去做出决定，那么你就只是在拖延做决策而已。

这种犹豫不决的心理在逃避行为中根深蒂固。延迟做决策意味着你在逃避做决策带来的责任以及后果，你还可以就此规避掉因做出"错误"的决定而产生的悔意和恐惧。不决策 = 没有行动 = 没有改变 = 不用后悔。但是，你可能最终会因自己的优柔寡断错失大好时机，从而感到后悔。

我们会通过对自己说"我还没有做好思想准备"将自己拖进逃避行为的漩涡中。而现实是，不做决策本身就是一种决定。如果你还没有决定好要不要跟男朋友分手，那么你拖延做出决定的每一天，都是选择留在这段关系中的一天。不做出与男朋友分开的决定，就是做出了继续和他在一起的决定。同理，如果你定下了一个目标，但你迟迟未下定决心去实现目标，那就是做出了不去实现目标的决定。

面对任务，让情绪"软着陆"

克服逃避的唯一办法就是妥善处理自己的情绪。如果你想要停止拖延，就必须学会面对与完成任务有关的不良情绪，愿意在未来体会令你感到不适的情绪，并且接受"有时候人就是会后悔自己做出的决定"这一现实。这最后一部分，也许是最困难的一部分。我们希望事情变得完美，也渴望成功。但有时候，我们会认为如果什么都不做就能防止自己失败。但是，不行动本身就是一种失败。不行动，就是在剥夺自己取得成功的机会，或者剥夺自己学习的机会。

以下策略会帮助你一步步处理好那些使你停在原地，阻止你朝着目标前进的情绪。

1. 明确可利用的资源

有时候，我们逃避任务是因为我们预料到自己可能会遇到那些还没有准备好去面对的挫折。许多人会逃避开始减肥，因为他们担心自己有一天会无法按照计划坚持下去，而这将会使他们所有的努力付诸东流。如果你本来就不能坚持到最后，那么，还有什么必要纠结是否能按照计划完成任务呢？

你可以通过预测潜在挫折，判断你能利用哪些资源来应对这些挫折，缓解这种担忧。你可能比你想象中拥有更多资源：先进的科技手段；充足的资金；深广的人脉，比如你熟知且信任的人或你想要尝试进入的领域的专家；你从以前的经验中或是学习过程中得到的知识。但是，你最强大的资源也许是你自身的"心理资本"。心理资本囊括了你对于实现目标抱有多大希望、你的抗挫折和摆脱逆境的能力有多强，还有你对于自己能够取得成功有多自信和乐观。当你尝试投入一项新工作中，却发现自己对于预期会发生的困难感到忧心忡忡时，记住你所拥有的资源。提醒自己："我知道接近目标该完成哪些步骤，我有充足的适应力并且能够跨过所有的障碍，我相信自己完全有能力让这一切按计划进行。"

一旦你明确了自己拥有多少资源，你就会感到有更充足的把握去完成任务，不会轻易选择逃避。

2. 分解任务

在第七章中，你学会了如何将你的任务分解成独立的部分。一个庞大的任务会把你吓到，但是许多个小任务看起来会更容易完成。如果你已经把任务分解成了容易完成的几个步骤，可你仍旧感到压力很大，这就代表你要完成的第一个任务对你来说还是太艰巨了。那么，你需要将它分解得更细致一些。

如果"打扫房屋"这个目标让你觉得压力较大，这就表示你需要将它分解为打扫每一个房间的多个小任务；如果"打扫厨房"

这个目标令你有些不知所措，那么，请继续对它进行分解。现在，你准备开始"洗盘子"这一步，如果你还是觉得完成不了，请尝试为自己安排"清洗一只叉子"这样的任务。任何任务、步骤都可以被分解，直到你觉得自己能够舒适地完成它为止。

当你把任务分解成最微小的任务单位时，不要批判自己这一行为。前进小小的一步，然后从此开始积攒动力比原地踏步要好得多，哪怕你所做的不过是洗了一只叉子而已。但是相较于几分钟前，厨房多了一个干净的叉子。而你的行为也向自己证明"我可以处理好不良情绪"，并为完成之后的任务打下了坚实的基础——自信。

3. 觉察负面的自我对话

你是否曾经在路上招手向别人问好，但是对方并没有回应你？这种情况发生以后，你会对自己说些什么？与此类似，你为了解释生活中的某种情况而对自己说话的过程就是"自我对话"，你进行怎样的自我对话，会对你在该情况下产生什么样的感受、做出什么样的反应中起到关键作用。积极的自我对话会鼓舞你前行，而消极的自我对话则会磨灭你前进的勇气。如果你告诉自己"我的朋友之所以没有招手回应我，是因为他／她生我的气了"，你将会感受到强烈的不安全感，也许未来你就会避免向他／她招手问好；如果你告诉自己"他／她可能只是没看见我而已"，你可能会保持乐观的心态，并且决定下次遇见他／她时要靠近他／她，近距离跟他／她打招呼。

同理，你也可以将此方法运用到那些你正在逃避的困难任务中去。如果你告诉自己"我做不到""我没办法忍受这件事给我带来的负面感受"或"我不应该这样做"，你将会泄气、恐惧、忧虑，然后更倾向于选择逃避而不是去完成该项任务。但是，如果你告诉自己"这对我而言确实是个挑战，但是我有能力完成困难的任务"，你可能就会感到更有把握、更加坚定或更有信心去完成这项任务。鼓舞人心的想法会变成激励人前进的动力，从而帮助我们拥有尝试完成困难的任务的欲望。

当你意识到自己开始"消极自我对话"时，将这些想法全写下来是助你做出改变的好办法。当它们被写在纸上的时候，你更容易分辨出来它们究竟有多么无益，这也有助于你把它们替换成对你更有帮助的想法。

4. 运用"奇迹问句"

"奇迹问句"衍生自"焦点解决短期治疗"，这是在你犹豫不决的时候可以运用的技巧。

假设在你今晚睡觉的时候，一个奇迹发生了，有人帮你做出了那个你一直逃避做出的决定。你正在睡觉，所以你并不知道奇迹已经发生了。当你第二天醒来的时候，奇迹已经发生的第一个迹象会是什么？也许你一直在逃避决定自己到底要上哪一所法学院。当你第二天起床的时候，奇迹已经发生：你穿着带有一所学校校徽的睡衣，床头柜上放着学校的欢迎礼包，而且你已经租好了学校所在城市的公寓。当你想象这一切的时候，你最先"看"到的是哪所学校？你"看"到自己住在哪个城市？

奇迹问句帮助我们想象如果决定做好以后，生活会变成什么样。我们可以想象做出这个决定以后的所有生活细节。接着我们就可以运用这些信息来判断哪一个选择对我们来说是最恰当的。如果某个幻想的奇迹场景和你的目标还有个人价值观更加一致，那么这个选择就会是最棒的。

5. 预测不做决定的后果

回答"犹豫不决是如何影响着你和你的生活"这个问题时，你要对自己诚实。通常，我们不愿意做出决定是因为我们不想限制自己的选择范围。人们通常会认为"如果我选择了其中一条职业道路，那么就会错过其他机会"，"如果我选择和这个人约会，那么我就可能会错过更合适的那个人"。诚然，有时候选择了一条道路就会错过其他的机会，但是不表态也会限制我们的下一步行动。考虑自己做出的每个选择可能带来的影响的同时，也要考虑自己不行动、不做出决定带来的后果。你可以试着询问自己：一周以后、一个月以后以及一年以后的自己，会怎样看待现在的自己的优柔寡断？你会庆幸自己此时如此保守吗？如果你能果断地做出决定并且不断推进事情的发展，你的人生会不会变得更好？

这个方法也能应用于你正在拖延的任务上。在考虑完成任务带来的影响的同时，你也要好好设想一下没有完成任务可能会带来的后果。思考一下未来的自己会如何看待当前逃避完成任务的自己：你会因为逃避这项任务而感到愉快，还是会感到懊悔？是否认为如果自己能早点开始做事情、早点推进整个过程就好了？最经典的例子就是进行锻炼：不锻炼的后果有哪些？是当下就开始锻炼好，还是逃避它好？一年以后你又会怎么想呢？

6. 不去美化未选择的道路

犹豫不决的一大核心原因就是对自己可能做出"错误"决定或是自己之后可能会后悔感到恐惧。消除这份恐惧最好的办法是——接受自己并不具备未卜先知的能力，以及和未来的你比起来，现在的你知之甚少的事实。要记住，现在做出的决定是你在所知信息有限的条件下能做出的最佳决定。事后，你也许会很好奇，如果自己当初做出不一样的决定，现在的结果会不会更好。

但是，你需要意识到，自己已经在所知信息有限的情况下做出了最审慎的决定，并借此来锻炼自己的自我同情能力。在你做出了一个艰难的抉择之后，记录下你选择这个选项而非其他选项的理由，这样将来的你就可以参考现在的你的心路历程，并回忆当时是出于什么缘由认为这个选项对你而言是最好的选择。

7. 时常安慰自己

通常情况下，我们会逃避完成某项任务，这实际上是在尝试逃避完成该任务的过程中产生的内在感受。如果你对于同心理医生预约治疗时间、参加社交聚会或向他人求助感到忧心忡忡，那么不妨将注意力集中在缓解忧虑情绪上。诚然，逃避是释放忧虑的方式之一。但是，你起先想要做一件事是有理由的，所以，你应当去寻找其他的你可以运用的缓解情绪的方法，例如在开始做某件事前先唱歌、给自己一个拥抱、放声大笑或保持微笑。在你完成任务的过程中，可以通过同样的方法持续地平复自己的情绪，也可以为自己播放节奏舒缓的音乐、点燃一个香薰蜡烛或是喝一些能帮助自己缓解负面情绪的饮品，比如热巧克力、花草茶等。要注意选择不会将你的注意力从任务本身转移开的舒缓方式——你可以在做事情的时候听一些轻音乐，但是把吉他拿出来弹可能会使你的拖延和逃避行为存续。

另一个缓解精神压力的方式是训练自己，使自己放松下来。如果你能够经常训练自己，使自己放松，那么这种方法对你而言就是最有效的缓解精神压力的方法。练习缓慢地、深度地呼吸可以快速地使紧张的精神放松下来，还能帮助你开始去做你原本想要逃避的事情。

8. 制作"应对卡片"

还记得老师允许你携带小的知识卡片进考场的时候吗？在你想要把考试可能涉及的所有知识点全部写在卡片上的时候，你的字迹从未如此小和整齐过。"应对卡片"与上述的"知识卡片"类似，但应对卡片是为了应对困难状况而准备的。提前准备好这种快速参考指南，能够帮助我们克服使我们想要放弃完成任务的负面情绪。

第一步，拿出一张卡片或在手机中开启一页新的备忘录，在最上面写上你要应对的状况，比如"自我怀疑时的应对卡片"。然后，列举出你可以运用的所有应对这种状况的方法。你可以写上在本书中学到的策略、你自己查找到的或根据个人经验总结出来的方法。接着，列出可以为你提供帮助的人员名单，比如你的好朋友、亲人或心理咨询师，任何能够鼓励你的人都可以被列在人员名单上。最后，列出 3 件能够调动你的积极性的事情，从而使你专注于能够帮助自己应对状况的事情上，比如想要积极应对某事而非逃避的理由、一句会对你有启发的话，或记下自己在生活中表现得积极的瞬间。

如果发现自己会逃避完成任务或做决策，你需要判断这是不是由负面的情绪导致的回避。随后，按照你在应对卡片上写下的策略妥善处理这份不适感，然后继续完成该项任务。

本章中介绍的策略实行起来都不容易，你在尝试运用这些策略的过程中不会感到很愉快。但这些方法都极其重要，在克服拖延和实现人生理想的道路上能够助你一臂之力。我希望你能够在这些循证策略上多花些时间——记住，你花越长的时间练习使用这些策略，之后完成任务或做决策就会越容易。给自己一个学习这些技巧的机会，将它们切实地纳入行动当中，感受一下当你不再受回避和优柔寡断的阻挠的时候，你的人生会变得多么自由。

现在，你已经有了开始完成任务的动力，下一个目标就是让这份动力一直存在，并且一直持续到任务结束为止。这是我们接下来会讨论的话题。

第十章

贯彻始终：
坚持不懈，用毅力为自己"续航"

一旦你开启了一项任务，下一个要面对的挑战就是贯彻执行计划，直到完成整个任务。很多因素都会使你脱离原定的轨道，比如因注意力分散而忘记原有任务，导致自己无法回到正轨。这一现象在你完成周期长的项目或步骤繁多的任务时更为显著，因为在完成这些任务的过程中，你有许多脱离任务的机会。要想最大限度地提升自己的"续航"能力，就要首先了解一下为什么持续努力是一件困难的事，然后，通过一些经过验证的方式帮助自己持续完成某一项任务。

在任务轨道上持之以恒

"持之以恒"指的是坚持某个动作直到任务完成。在生活中，麦迪逊就一直因为无法持之以恒而感到困扰。她的公寓中有许多完成了一半的任务：一个她买回来后从未真正被挂到墙上的壁橱、只叠了一半的衣服、在冰箱里放了一个多星期但从未被放进烤箱的布朗尼蛋糕糊。麦迪逊的注意力总是在开始做一件事后被分散，之后这件事再也没有机会被完成。

坚持完成某件事对于受注意力缺陷困扰的人群来说尤其困难，因神经系统本身的缺陷，这些人极易分心，他们保持注意力集中的能力也因此被抑制了，这是他们无法长时间集中精力完成一件事的原因。同样，对于深陷抑郁情绪的群体来说，由于他们的精力在完成任务之前就已经被消耗光了，所以这些人也难以完成任务。对于陷入焦虑的人群来说，他们无法摆脱自我怀疑，并因担心自己不能完成好某些任务而选择放弃。在面临一个突如其来的困境时，几乎所有人都会因不知道如何摆脱它而偏离了原本的完成任务的轨道。

助你保持精力的方法

我们难以长期坚持努力完成某一项任务的一个原因是，我们的大脑很难记住坚持完成某一项特定任务的理由。大脑最优先的任务就是储存能量，所以它会很努力地"说服"我们放弃做那些会耗费我们精力的事情。这就是为什么一想起这个任务对于你的意义时，你会突然感觉干劲满满、信心十足，并且做事的效率猛增，但你将面对的是长期的低兴趣和低动力状态，以及无所事事。

想要在做一件事时始终坚持努力，就要持续给你的大脑补充它所需要的养分，如吃健康的食物、有规律地运动、适当的休息等，并且时不时地提醒自己为什么要将精力花费在这件需要被完成的事情上。

在做某件事时能够持续地努力的一个基本原则是，要将较大的任务分解成较小的、更容易完成的任务，并且将完成这些小任务的步骤有规律地分配在一段时间之内。这种方法会帮助你保持精力，从而能够持续地付出努力。

除此之外，你还可以尝试下文中介绍的循证策略，来帮助自己坚持努力并最终完成那些你已经开始做的事情。

1. 做一次性规划

有时候，当我们需要面对预期之外的问题时，如没有充足的资源、需要他人的帮助或突然发现没有足够的时间了，我们持续完成某一件任务的节奏就会被打乱。一旦将注意力从任务本身移开，我们就将面临分心或脱离任务轨道的风险。为了降低这种风险，我们需要拟定一个计划使任务能够更为顺畅且高效地进行下去，有始有终。

做计划需要从你决定完成什么任务开始。在决定好完成哪项任务以后，你就需要好好考虑完成任务所需的所有步骤、所有材料、时间以及你是否需要额外的帮助。比如说，在开始粉刷房子之前，你要决定好将会以什么样的顺序来粉刷每一间房间，每一间房间又要被粉刷成什么颜色，以及粉刷工作是否需要别人的帮助，选择什么型号的滚筒刷。将以上想法都写下来，这样你就不需要重复决定同一件事情。

一次性规划好每个步骤如何去做，相当于你在将每一个琐碎的决策汇总至一个单元——就像一次性购买装修所需的所有材料。做决策需要耗费大量精力，因此限制大脑必须做出的决定的数量，能够在很大程度上确保你在正式开始完成某任务的时候有充足的能量。在正式开始完成任务的前一天晚上，运用这个技巧效果最佳。由此，在睡眠时，你的大脑能够有时间从决策带来的疲惫中恢复过来，并且你在早晨起床后会精力充沛，能够遵循计划一步步完成任务。

2. 合理安排时间

制定计划时，尤其要注意规划时间的方式。

正如我们在第二章中提到的，人类很不擅长预估任务完成所需的时间。如果你觉得做完某事需要 30 分钟，不妨为自己预留 35 分钟，然后根据实际情况做出调整。这样能够确保你有足够的时间完成手头的工作。

此外，你还要好好考虑一下如何合理地分配你的时间。你打算坚持不懈地完成任务吗？要做到这一点需要持续地付出大量努力。但是，如果刚开始时就投入大量精力，随着时间推移，你可能会忘记最初的目的。而将大部分精力都放在接近任务截止的时间段，可能会因为赶工而使工作质量受到影响。每种方式都有其难点，所以在计划时要考虑并避免这些问题。

最后，为某些项目预留更长的时间。有些时候连续工作 2 个小时（当然要适当休息！）会比断断续续干活要有效率得多。在任务之间不断地切换时，我们的大脑将会难以保持注意力集中。在单项任务上持续投入时间，有时候能够帮助我们更高效地推进任务。

3. 积极应对挫折

在向着目标前进的过程中，你将会不可避免地遇到出乎意料的问题。停下来解决这些问题会让你分心——或者，更严重一些，这些预期之外的问题会让你不堪重负，并想要逃避而不是解决它们，最终，你可能会放弃处理所有事情。这就是为什么制定应对这类挫折的策略非常重要。

解决问题有 5 个步骤。首先，识别问题。这个部分有时候看起来太简单了，以至于你很可能会想要直接跳过它。然而，辨清问题实际上远比表面上看起来复杂许多。也许你的目标是要除去浴室的墙纸，但是不知道为什么，墙纸就是无法被剥落。第一步，你要确认关键问题到底是墙纸湿润度不够，还是你没有花足够时间去等待水分完全渗进墙纸的胶水里。第二步，收集所有可能解决问题的方法：给海绵、喷壶或滚筒刷加更多水，或直接用淋浴喷头往墙上喷水。不要过度思考你的答案，而是将每个方法都记下来，这会使你更有可能在偶然间发现一个富有创造力的解决方案。第三步，去掉那些明显没有用的方法。然后快速衡量一下剩余方法的利弊，选择其中一个方法并大胆尝试。此时，你可能注意到自己的手边有一块海绵，也许这块海绵会把墙纸弄得乱七八糟，但是它能够充分浸湿墙纸。第四步，为选定的方法制订执行计划。浸湿你手里的海绵，然后开始用它浸湿墙面。第五步，回顾你所做的尝试，确认一下你选择的方法是否有效。如果你已经将问题解决了，那再好不过！但是如果问题没能解决，请你回到第三步，再尝试另一种解决方法。

继续练习解决问题的"五部曲"，直到你习惯这样的模式，并且能够自然而然地运用这些策略，这能够帮助你成为一名直面挫折的专家。越是能从解决意料之外的问题的过程中获得自信，你能持之以恒地完成任务的可能性就越大。

4. 在卡点与自我沟通

当我们在某个挫折点卡住的时候，这种卡顿会消磨我们前行的动力。也许，你在撰写一篇论文时突然灵感枯竭，或者你需要修理一件家电但是并不知道从何处下手。陷入困境的感觉并不好，当这样令人难受的瞬间出现时，你的大脑会说："也许你可以先打会儿电子游戏，等到你想到要写什么的时候再去写。"最后，你发现自己玩了一晚上的游戏，而那篇论文只写了一半，并且距离论文的上交时间仅剩 1 个小时了。

和内在的自己谈论你正在做的事情，有助于帮助你脱离困境。与书写相比，有时候口头表达更能够有效整合信息和激发灵感，所以如果你在写论文时卡壳了，不妨将自己目前所写的内容大声朗读出来，然后运用听写软件整合、梳理接下来要写的内容。如果没下载专门的听写软件，你可以使用手机里的录音功能，之后再把录音转成文字。或者大声和自己说话，提高行动的势头。

同样的方式还能运用于脱离其他的困境。例如，在修理除草机时，你遇到了意想不到的问题，你可以大声对自己说目前为止你都修理了哪些部分，以及你对修理除草机有多少了解。这种大声地自言自语有助于你的大脑将碎片化信息关联起来，整合为可以帮助你从困境中解脱的灵感，并推动你坚持不懈地实现目标。

5. 设置计划奖励

我们拖延许多任务的原因仅仅是这些事情太无聊——比如说复习考试知识、填写报税单、缴纳各种费用或查看邮件。因事物本身无聊而感到厌烦是我们无法坚持到底的风险因素之一。如果在你完成一件枯燥的任务时，有更加令人兴奋的或能够刺激你的事物突然出现，你就很容易分心。你也许会向自己保证"稍后我一定会回来把这件枯燥的事情做完"，但是这样的思维方式会使"无法坚持完成一件事"的问题一直存在。为了解决因厌烦而产生的分心问题，你应该早早地确定好完成这项任务后自己能获得的奖励。

给自己的奖赏可以是买几盒糖果、吃一份微波炉爆米花、买一本想看的小说，以及计划一场家庭电影之夜派对。你还可以用一杯美味的咖啡来犒劳自己，或允许自己进行一次配着香薰蜡烛和杂志的奢侈的泡泡浴。奖励的形式并不重要，只要这件事或物品对于你来说是一份奖赏就可以。对一些令人兴奋的事情抱有期待，能够帮助我们坚持完成枯燥的任务。

6. 寻找可靠的搭档

可靠的搭档指的是能够定期联系你，并帮助你坚持完成任务的人。为了帮助你持之以恒地完成一项任务，他／她将会每周定时前来询问你完成任务的进展如何，哪怕在你想要放弃或逃避时，他们也会雷打不动地前来询问你当前的进度。他们能够在你觉得艰难的时候，帮助你保持自身的行动力，从而保证你贯彻执行计划并实现自己的目标。

当你筛选出一位合适的搭档并且决定与其合作时，你需要记住：选择你信任且保证能够持续前来检查你的目标进展情况的人，并且他／她会在你脱离任务轨道时，将你推回正轨。如果你正在完成一件事或是正处于实现目标的过程中，告知你的搭档你的目标以及你为自己设定的实现目标的奖励，也许会有助于你坚持实现目标。双方要约好在某个固定的时间点取得联系，你的搭档还需要偶尔帮助你回顾你的目标以及计划，以确保你没有偏离原定的方向。

7. 设置阶段性目标

要想坚持开展一项需要花费好几天、好几周甚至好几年的活动是一件尤为困难的事情，比如学习一门从未接触过的语言或学习演奏一件新乐器。因此，我们很容易脱离原本定下的长期目标，转而去做耗时更短或更紧急的事。但是，若是能够在一个耗费时间长的任务中，设置一些小的阶段性的目标，我们就更容易坚持完成整个长期任务。

如果你曾学过钢琴，那么你很有可能设置过与"在某个确定的日期以前，学会弹奏莫扎特的某一曲作品"类似的目标。这种具体的小目标能够减轻持续追逐一个庞大目标带来的巨大压力。当你专注于那些阶段性目标时，就能够意识到"长期目标看起来似乎令人不知所措，但它其实是可以被一步一步实现的"。

根据需要，我们可以灵活调整设置阶段性目标的频次。如果你在写一本书，你就需要确定每日写作目标。如果你的大目标是与朋友保持往来，你就可以设置每周与朋友见面的目标。如果你的长期目标是为退休生活存钱，那么你就需要设定每月储蓄目标。设置好这些阶段性目标，并定期回顾、确认目标完成情况有助于你坚持实现目标。

8. 接纳不完美的自己

完美主义是坚持实现目标的路途中的最大威胁之一。最开始，我们也许能够充满激情地朝着目标进发，干劲满满地开始完成任务，然而不久，我们就开始担心自己是否会犯错或不够努力，这些怀疑会制造出焦虑，而我们会用脱离工作来避开这份焦虑。一旦与手头的工作脱节，想要再次上手并坚持完成工作就会变得十分困难。

并不能仅仅因为看似自己能够达到完美，就将完美视作必须实现的、更可取的或是更有利于人生发展的选项。你需要直面你的完美主义情结并挑战自我，承认自己"已经足够好"。我发现"已经足够好"这个概念似乎带有负面的隐喻，就好像"已经足够好"是一种对于"还不够好"的妥协。我们很容易就将"已经足够好"与"懒惰"或是"努力不足"画上等号，然而"已经足够好"就和它的字面意思一样——已经做得很好了。

"已经足够好"具体代表什么，与任务本身有关。如果你是一位需要梳理税务的会计或需要为病人进行冠状动脉搭桥手术的医生，那么"足够好"就需要无限接近于完美。但是，如果你要给孩子的 3 岁生日做个蛋糕、完成一次健身训练或修剪家里的树丛，这时候"已经足够好"就是另一个概念了。

就目前正在完成的任务而言，你要清楚地知道什么才是必须实现的目标，什么是更可取的、对目前更有利的因素。还要记住，完美是一种虚幻的假象。不要让追逐虚无缥缈的完美变成使你最终无法坚持完成任务的障碍。

现在你应该已经知道如何将已经开始的任务顺利地推进下去，要想解决拖延行为这一难题，还差最后一个步骤：确保你可以真真正正地将任务收尾。如果你害怕成功会带来更多责任、压力或期望，那么将任务收尾就会很困难。但是，你已经这么努力地工作了，是时候让自己冲过终点线了。

所以，接下来让我们学习一些为正在进行的任务画上句号的技巧与策略。

第十一章

画上句号：
跨越终点线也是一个挑战

　　拖延行为既关乎开始任务，又关乎结束任务。在第十章中，我们探讨了如何应对那些不断使我们在接近终点的过程中分心的因素，在本章中，我将重点阐述如何真正冲过终点线。这与处理那些干扰我们、使我们无法成功跨过终点的情绪和想法有关。当你逐渐接近任务的终点时，你已经辛苦地完成了许许多多的工作，也展现了你对这项任务有多么投入。但是有时候，"恐惧"会悄悄降临在终点线上。本章，我们将深入探讨这些"恐惧"，并介绍应对因害怕失败或害怕成功而无法真正完成任务的循证策略。

行百里者半九十

真正跨过终点线，对所有人来说都是一个不小的挑战。就在离最终目标越来越近的时候，你可能会感受到完美主义开始作祟，对于完美的追求和对失败的恐惧息息相关，即你认为"如果我犯了一个错误，我就出局了"；又或者，你可能会经历"冒名顶替综合征"。这与对成功的恐惧有关，即你认为"如果我成功做到了，他们也许会逐渐发现我并没有表现得那么出色，我会让大家失望"。对于饱受抑郁情绪困扰的群体来说，完成一项任务十分困难，因为他们会认为"如果我做完了这件事，人们会提高对我的期待"。而对于注意力存在缺陷的人群来说，仅仅是做完一件事情就已经十分不容易了，因为他们会认为"就算我这次成功了，由于我不够有条理/注意力不够集中/动力不足，我仍旧无法更上一层楼"。与上述想法类似的还有"限制自我发展"的信念，即"自身无法发挥出应有的潜能"的局限认知或假设。

在雅各布20岁出头的时候，他就热衷于以一种健康的生活方式度过每一天。他吃得很好，并且坚持健身。那时雅各布浑身上下都充满了朝气，内心充满了自信。许多人都称赞他拥有健康的体魄和阳光的精神面貌，同时，雅各布最好的朋友和家人们也纷纷效仿他的生活方式——不仅将健康食物带到比萨派对上，还把休闲野餐活动换成了5千米田径比赛。最后，雅各布却因为自己的成功感到不合群，并坠入了抑郁的深渊。在接下来的10年中，雅各布的体重增加不少。在此期间，他也曾重新开始减重，并尝试新的健身模式，但是雅各布很快就放弃了。在咨询过程中，雅各布发现自己其实很害怕，担心如果自己实现了健康目标，他可能会再次感到与自己的家人、朋友合不来。雅各布的内心充斥着不被群体接纳的恐惧，使得他无法实现自己的目标。

别让恐惧凌驾于你的行动之上

大部分人都会害怕失败。实际上，我们中的许多人都有过无比确信自己会在某件事情上失败的经历，甚至我们还没有真正尝试着去做这件事。尽管害怕失败是一种很常见的心理活动，但是这份恐惧会凌驾于你的行动之上，阻挠你实现个人生活或专业学习上的目标，并使你终止已经竭尽全力去完成的任务。也许你一直觉得不论自己多么努力或尝试多少次，最终取得的成果都达不到你的预期。于是，你开始尽可能地忽视这个任务，并将充满瑕疵的"作品"都归咎于处理的时间有限，而非个人能力的不足。

实际上，对于失败的恐惧衍生于对被拒绝的恐惧或害怕自己不被他人接纳的心理。我们将完美无缺作为"自我接纳"与"社会接纳"的先决条件，并且认为如果最终取得的成果不尽如人意的话，那么自己本身也同样不会令人满意。

也许大部分人能够理解"对失败感到恐惧"，但是"对成功感到恐惧"可能就会令人费解。哪怕是那些恐惧成功的人也不能理解自己为什么会这样。通常情况下，对于成功的恐惧往往都是恐惧成功以后会发生的事情而非成功本身。一旦你在某件事情上取得成功了，你就会对自己抱有更高的期待或认为别人会对你有更多的期待。这样的想法会持续增加你的压力，并最终压得你喘不过气来。有时候，对成功的恐惧也来源于对成功之后会发生的事情感到不确定。有些人会因从大学毕业之后不得不开始找工作而感到害怕，因为找工作会让那些处处给自己设限的人感到无比气馁。有些人在取得成功后真的得不到好报——家长也许会嘲弄这些人在学校里取得的好成绩，或者同事在这些人升职后就远离了他们。总而言之，成功就意味着某些事物会改变，即使是变得更好也让人感到害怕。变化会带来不确定性，不确定性会带来焦虑，而我们会不由自主地想要躲避焦虑。

要想越过终点线就得直面那些限制自我发展的信念，而这就是以下的循证策略想要处理的部分。

1. 抱着怜悯的心态与自我对话

"自我同情"包括善意地对待自己以使自己从饱受折磨的状态中得到解脱。"折磨"可以指深层次的感受，比如在创伤中遭受的精神折磨。普通人也会经历创伤、体验到精神折磨，比如人在犯错的时候会饱受煎熬。这是普通人都会经历的事情——人人都在受折磨。这也代表人人都会从自我同情中获益。研究表明，抱着怜悯的心态与自我对话，而不是对自己充满批判，能够减少你内心的负面情绪并提升行动力。

对于失败的恐惧也许会从自我批判中衍生出来，例如"我知道我肯定永远也做不好""我还不如现在就放弃"或"即使尝试也没有任何意义，反正我也不会成功"。对于成功的恐惧可能来自于自我怀疑，例如"我不够聪明，不适合被提拔""我没有办法一直保持成功"或"大家可能会发现我其实并不知道自己在做什么"。

当你发现自己出现这种负面的想法时，不妨设身处地地想象一下，如果你亲近的人面对类似的状况，你将如何安慰他们。想象一下，你的朋友在快要实现自己的目标时开始怀疑自己，而你想要去鼓励他／她。如果你正在安慰这位朋友，你会说些什么？你会用怎样的语气和态度表达这些内容？你会如何措辞？你会给出怎样的建议？在安慰对方的时候，你会使用怎样的声音、表情或者手势？能够像安慰一位好友那样自我怜悯或和自己交流，就能够帮助自己克服困难，切实采取行动，一步步实现目标。

2. 正面回应自我批判

有时候我们会用一些带有贬低色彩的话来评价自己，比如"我真是个白痴"；或用对自己没有任何帮助甚至带有诽谤意味的话语来打击自己，比如"我不够好""没有人喜欢我"或"我做不到"。这些想法阻碍了我们朝着目标前进。因此，及时捕捉并审视这些想法的真实性非常关键。当你意识到自己产生了这种自我批评的想法时，试着思考自己在情境中可能出现的另外一些看法或反应。

例如，你正打算开始以一种更健康的方式生活，你的内心却说道："就像之前一样，我肯定坚持3个星期就放弃了。"面对这样的想法，你可以换一个角度来思考："我会从一开始就做得很好。""我也许会遇到困难，但如果需要的话，我可以拜托我的姐妹鼓励或帮助我。""可能有时我不会坚持锻炼或吃得不够健康，但这都是改变的过程中会出现的正常的波折。"这些新的想法不需要完全贴合实际，重点是要让你的大脑意识到存在很多种看待问题的方式和角度，并非只能用一种批判性的方式来对待自己。希望你会拥有更多对自己有益的看法，它们将会助你走向成功。

3. 考量支撑失败的证据

如果你害怕失败，仔细考虑是否真的有证据在支撑着你心中藏着的自己即将会失败的信念。也许你有一份一直被拖延的学校作业，你担心自己做不好，于是感到害怕并被这份作业压得喘不过气来。过去，你会匆匆忙忙地在最后 1 分钟做完这些作业，毕竟，比起承认自己是因为能力不足而失败，由于时间不够所以没能把任务完成好更容易令人接受。出现这些想法时，你需要找找看，是否有证据在支撑它们。首先，收集那些能够证明你将会失败的证据：你不是很理解最近阅读的材料，而且你也不是很确定教授到底想从这次的作业中看到些什么内容。现在，收集一些证明你不会失败的证据：在类似的作业中，你从未真正地取得过较低的评分；这份作业中有自己的创新点；你可以在这周的问答时间中询问教授有关作业要求的问题。

我们会恐慌往往是有一定的道理的：我们过往的人生经历使我们产生了恐惧；我们害怕的事情有一定的可能性会发生。同样，我们也要意识到其中存在矛盾：我们还有更多与恐惧展现出来的样子不相符的记忆；"可能会发生"和"大概率会发生"是有区别的。将所有的证据都罗列出来，并非仅罗列支持你的恐惧的证据。这样，你就可以更加精确地评估你接下来的行动——你是倾向于相信这些恐惧是真实的，还是想要直面恐惧本身。

4. 想象应对困境的过程

如果你对于成功的恐惧或对于失败的恐惧正在阻止你完成任务、项目或实现目标，那么也许你会发现，自己的脑海中出现了一些一闪而过的画面：你在工作面试中紧张得说不出来话，你被辞退了，或你的同学们正聚在一起嘲笑你。如果这些画面没有自动出现，那么你可以试着想象自己已经实现目标，你所害怕的某些事情发生了。

接下来，想象一下你会如何处理那些令人害怕的情况。想象一下，如果你在工作面试中愣住了，你会怎么做。你会无限期地坐在那里，直到有人叫救护人员把你抬出去吗？很可能不会。也许你会请求面试官重复一遍刚才的问题、申请休息、开个玩笑，或许其中一个面试官会问你是否需要喝点水。想象一下，在你开始应对这些问题之后将会发生什么。想象自己在应对成功或应对失败，表明你在驾驭压力，而不是被它牵着鼻子走。

5. 意识到成功的积极因素

成功并不是只有积极的一面——取得成功时，你就会产生新的期望，新的问题和挑战也会随之而来。成功后的不确定性有时会阻止我们跨越终点线。为了处理这个问题，请列出你在追逐成功的过程中学到的经验。你通常会学到新的技能，遇见新的人指导或帮助你进行下一次冒险，并树立管理逆境的信心。换句话说，就像我们在第九章中讨论过的那样，你能够建立心理资本。在你创建这个清单时，考虑一下成功会给你个人带来什么。你永远不必后悔和怀疑；你会进步，而不是停滞不前；你会克服不安全感。然后，将这份"成功的积极因素清单"与你对成功的担忧或恐惧进行比较，分辨哪一组结果最符合你的目标。你是愿意束缚自己，使自己产生怀疑和恐惧，还是愿意追求挑战，获得信心和勇气？

6. 使用反向截止期限

你应该对普通的截止期限很熟悉，但你可能没有听说过"反向截止期限"。反向截止期限是指在放弃之前，你尝试做某件事情所花的时间。比如说你想学习计算机编程语言，但挫折感和对永远无法熟练掌握这项技能的恐惧阻碍了你学习。试着为自己设定一个反向截止期限，其中包括你每天愿意在练习编程上耗费的时间——可能是每天抽出 30 分钟做练习，或每周抽出 1 小时做练习。这种反向截止期限可以帮助我们继续朝着目标前进，而不是因为恐惧而僵在原地，同时也使得计划本身看起来更容易完成。这种策略也可以应用于"计划在 6 个月或 1 年内学习一项新技能"，让自己有一个可把握的机会来学习这项技能，然后再确定自己是不是真的无法掌握它。

7. 将任务与目标联系起来

当我们被一项单独的任务所带来的压力包围时，会很容易忽略任务的目的。通常情况下，任何任务、活动或项目都是更大的目标的一部分：完成物理作业是"取得学位"这一大目标的一部分，而顺利毕业有助于你实现"经济独立、养活自己"这一更大目标。一旦你记住了更大的目标，你就更容易挑战自己，克服可能会阻碍你前进的恐惧。

试着写下 3 个对你而言完成任务很重要的理由，并且思考一下放弃或坚持完成这些任务将如何分别影响你的人生目标。假如你在上高中时需要完成一项很难的物理作业，而攻克这个物理作业将：（1）有助于你准备考试；（2）使你在申请医学院时更有竞争力；（3）给你一个机会向自己证明你能够完成有难度的事情。通常情况下，这种练习可以帮助我们认识到，坚持完成一项任务将使我们更接近目标，而放弃将使我们陷入困境。这或许就是你在完成任务的过程中得到的额外的助推力。

8. 使用"积极肯定句"

"积极肯定句"是一种能够提供鼓励的语句。研究表明，它们可以使人增强信心。你可以选择那些能够减轻你的疑虑，为你提供勇气的句子。例如，如果你害怕失败，你可以选择"完成胜于完美""行动起来比等待完美到来更好"或"直面挑战是成长的机会"等肯定句鼓励自己。如果对成功的恐惧阻碍了你的行动，你可能会从"我的行动将带领我更接近目标""我有能力解决困扰我的难题"或"我已经准备好了"这样的肯定句中受益匪浅。鼓舞人心的名言、朋友的鼓励以及从导师那里获得的建议，都是积极肯定句的来源，在你的应对卡片上记录下你最喜欢的积极肯定句。记住，恐惧只是一种感觉，它无法真正地阻挡你前进的脚步。

一旦你投入时间和精力开始做一件事，并且能够集中注意力直到任务完成，你就会想给这项任务盖个"已完成"的章。本章中，我所介绍的方法都是为了使你的努力付出能够得到回报。使用这些策略，能够让你的那些会限制自我的想法不至于阻碍你的个人发展。你已经来到了本章的终点，并且即将抵达本书的结尾。接下来，让我们把一切都联系起来。

结　论

　　恭喜你！你已经读完了这本书，这是一个了不起的成就！你已经做了许多努力，确定了导致你拖延的原因、哪些类型的拖延是最令你头疼的，以及哪些策略对你最有帮助。你应该已经知道了克服拖延症主要涉及两件事：感觉和动机。

　　被迫去完成令人不愉快的任务是如此让人生厌，以至于我们选择通过拖延来缓解这种不适感。但问题的本质不在于不适感本身，而在于我们面对不适感时的行为和反应。焦虑、不安、无聊和挫折并非有害，它们只是令人不舒服。选择正向的策略来应对这些感觉是克服拖延的关键。当你选择迎难而上而不是回避那些让你感到压力或不舒服的东西时，你就能够挣脱那些限制自我的想法和行为，且不再被它们束缚。

我们总认为自己必须在有动力后才能采取行动，因此刻意地放慢了自己前进的脚步。但是，你的真实体验会证明这不是真的。思考一下你在没有动机的情况下所做的事情——解开缠在一起的项链、收拾行李箱、每天去上班。事实是，行动导向动机，而不是动机导向行动。当你觉得提不起劲，觉得自己没有足够的精力，或只是不想去做某件事时，希望你能够尽最大的努力去试着做做看。当你开始行动时，成功会紧随其后。势头是一种远比动机更强大的力量，所以我们要专注于行动本身。

人们在阅读个人成长或自我发展书籍时常犯的最大错误之一就是在书的结尾处停下来。其实这只是一个开始！就像现在，你已经知道了克服拖延行为所需的一切，是时候付诸行动了。这一部分与你已经学会的部分同样重要。如果不采取行动，你在这个过程中付出的努力将全部付诸东流。

因为不确定拖延之后会产生怎样的后果，所以你可能会不敢采取进一步的行动。你会不会成为一个无聊的"齿轮"，在工作或生活中总是着眼于追逐效率而失去任何乐趣？现在，请花点时间想象一下：如果你不与拖延症做斗争，你的生活会变成什么样子？你会失去哪些新的机会？你将如何确保自己仍有时间娱乐？你将如何驾驭这种变化？把这些问题想清楚，对不确定性的恐惧就不会妨碍你获得成功。

还记得你之前曾写下的想要阅读这本书的原因吗？现在，是时候回过头看看它们了。你写下的就是你应该继续坚持努力的重要原因。不要仅用本书中的策略来完成任务，而要用它们来帮助自己坚持下去，克服拖延症，冲过终点线。这是你做出改变的机会。去做出艰难的抉择，并拥有坚韧不拔的精神，直至最终实现你心中的目标。你做得到。

致　谢

致我的父母，谢谢你们给了我撰写此书的灵感。不久前，当我们一同乘车的时候，我妈妈突然惊叫道："你应该写一本书！"好了，这本书我写完了，妈妈！从阅读我写下的几乎每一个字，到支持我搬到内华达州成为一名心理学家，你们的付出让我得以成长。

也要感谢爱我的丈夫，谢谢你对我坚定不移的信心。哪怕是在我冲动地开始撰写心理学博客或天马行空地说我想写一本书的时候，你都从未质疑过我。你对我的信任就是我最主要的动力来源。谢谢你，亲爱的！